# Topografia

**Blucher**

### ALBERTO DE CAMPOS BORGES

Foi:
Professor Titular de Topografia e Fotometria da Universidade Mackenzie
Professor Titular de Construções Civis da Universidade Mackenzie
Professor Pleno de Topografia na Escola de Engenharia Mauá
Professor Pleno de Construção de Edifícios na Escola de Engenharia Mauá
Professor Titular de Topografia da Faculdade de Engenharia da
Fundação Armando Alvares Penteado – FAAP

# Topografia

VOLUME 1

3ª edição

*Topografia* – vol. 1
© 2013 Alberto de Campos Borges
3ª edição – 2013
5ª reimpressão – 2017
Editora Edgard Blücher Ltda.

# Blucher

Rua Pedroso Alvarenga, 1245, 4º andar
04531-934 – São Paulo – SP – Brasil
Tel.: 55 11 3078-5366
contato@blucher.com.br
www.blucher.com.br

Segundo o Novo Acordo Ortográfico, conforme 5. ed. do *Vocabulário Ortográfico da Língua Portuguesa*, Academia Brasileira de Letras, março de 2009.

É proibida a reprodução total ou parcial por quaisquer meios sem autorização escrita da editora.

Todos os direitos reservados pela Editora Edgard Blücher Ltda.

FICHA CATALOGRÁFICA

Borges, Alberto de Campos
    Topografia – v. 1 / Alberto de Campos Borges.
– 3. ed. – São Paulo: Blucher, 2013.

ISBN 978-85-212-0762-7

1. Topografia 2. Engenharia civil I. Título

| 13-0338 | CDD 526.98 |
|---|---|

Índices para catálogo sistemático:
1. Topografia

# Apresentação

Este trabalho se divide em dois volumes. O Vol. 1, compõe-se da Topografia Básica, ou Elementar. As aplicações específicas da Topografia estão no segundo volume. Essa subdivisão corresponde ao curso de Topografia que o autor ministrou aos alunos do Curso Civil de três escolas de Engenharia da cidade de São Paulo: Faculdade de Engenharia da Fundação Armando Álvares Penteado (FAAP), Escola de Engenharia da Universidade Mackenzie e Escola de Engenharia Mauá do Instituto Mauá de Tecnologia. Assim, o primeiro volume corresponde aos assuntos lecionados no primeiro semestre e o segundo volume aos temas do segundo semestre.

Pela ordem dos capítulos, os assuntos tratados neste primeiro volume são:

1. Definição, objetivos, divisões e unidades usuais da Topografia;
2. Equipamentos auxiliares da Topografia: balizas; fichas, trenas, cadernetas de campo;
3. Medidas de distâncias horizontais: métodos de medição;
4. Levantamentos empregando apenas medidas lineares;
5. Direções norte-sul magnética e norte-sul verdadeira, ou geográficas;
6. Rumos e azimutes, magnéticos e verdadeiros; transformações e atualizações de rumos e azimutes;
7. Bússolas;
8. Desvios da agulha; correções de rumos e azimutes;
9. Poligonação; levantamentos utilizando poligonais como linhas básicas;
10. Cálculo de coordenadas parciais; determinação do erro de fechamento linear das poligonais;
11. Ponto mais a oeste e cálculo de coordenadas totais;
12. Cálculo da área do polígono; métodos das duplas distâncias meridianas e das coordenadas totais;
13. Ajuste de poligonais secundárias;
14. Cálculo das áreas extrapoligonais;
15. Descrição do teodolito; diversos tipos; teoria dos nônios;
16. Métodos de medição de ângulos horizontais: direto e por deflexão;
17. Retificações do "trânsito" (teodolito);
18. Altimetria; nivelamentos geométricos; níveis e miras;
19. Retificações de níveis;

20. Taqueometria; taqueômetros normais e autorredutores;
21. Retificações de taqueômetros;
22. Medida de distâncias horizontais e verticais pelo método das rampas e com a mira de base (*subtense bar*);
23. Alidade-prancheta autorredutora.

Resumindo, vê-se que este primeiro volume estuda os métodos básicos de levantamento: medidas lineares, poligonação, nivelamento geométrico, taqueometria, irradiação; e os instrumentos topográficos fundamentais: bússolas, níveis, teodolitos e taqueômetros.

Como o segundo volume ainda se encontra em preparo, os capítulos não estão numerados; faremos, porém, um resumo de seus temas:

- Curvas de nível; métodos de obtenção topográficos e por aerofotogrametria;
- Locação de obras; edifícios, pontes, viadutos, túneis, bueiros, galerias;
- Medição de distâncias por métodos trigonométricos; distância entre pontos inacessíveis;
- Terraplenagem em plataformas horizontais e inclinadas;
- Arruamentos e loteamentos; levantamento da área, projeto e locação;
- Levantamentos subterrâneos; galeria de minas; equipamentos especiais;
- Topografia aplicada a hidrometria; medições de vazão, curvas batimétricas; uso do sextante; problema dos três pontos (Pothenot);
- Topografia para estradas; reconhecimento e linha de ensaio (linha básica);
- Projeto planimétrico; traçado geométrico;
- Curvas horizontais; circulares, espiral de transição, superelevação e superlargura;
- Projeto altimétrico; rampas e curvas verticais de concordância; curvas parabólicas simétricas e assimétricas;
- Locação da linha projetada (alinhamento); locação dos taludes;
- Cálculo dos volumes de terraplenagem: fórmula prismoidal; correção dos volumes nas curvas horizontais;
- Estudo do transporte de terra: diagrama de massas (Bruckner);
- Divisão de terras; partilhas;
- Triangulação topográfica; medidas da linha de base e dos ângulos; trilateração;
- Emprego da eletrônica na Topografia; telurômetros e distanciômetros; emprego do raio *laser*;
- Poligonação eletrônica; trilateração eletrônica; mudanças nos métodos de levantamento;
- Métodos de determinação do meridiano local; direção norte-sul verdadeira;
- Breves noções de Astronomia de campo;
- Breves noções de Geodésia;
- Fundamentos e possibilidades da Fotogrametria.

# Introdução

Qual a posição da Topografia na Engenharia? A resposta é relativamente simples: a Topografia existe em todas as atividades da Engenharia que necessitam dela, como um "meio" e não como um "fim". Ninguém cursa Topografia apenas por cursar, e sim porque ela serve de meio para outras finalidades. Pode-se afirmar que ela é aplicada em todos os trabalhos de Engenharia Civil, em menor ou maior escala. É utilizada em várias atividades das Engenharias Mecânica, Eletrotécnica, de Minas, e raramente em algumas atividades das Engenharias Química, Metalúrgica e Eletrônica.

Para entendermos o porquê dessas afirmações, é necessário saber o que a Topografia consegue fazer e as outras Ciências não: medir ou calcular distâncias horizontais e verticais, calcular ângulos horizontais e verticais com alta ou altíssima precisão. Quem mais pode medir distâncias horizontais com erro provável de 1 para 100 000? Quem mais pode calcular altitudes (cotas) com precisão de um décimo de milímetro? Quem mais pode medir ângulos horizontais e verticais com precisão de um segundo sexagesimal? Por isso, os métodos e equipamentos topográficos constituem um recurso para as atividades de Engenharia.

Citamos a seguir alguns exemplos, dentro dos trabalhos de Engenharia Civil, que usam da Topografia:

a) *Edificação*. A Topografia faz o levantamento plano-altimétrico do terreno, como dado fundamental ao projeto; após o projeto estar pronto, faz sua locação e, durante a execução da obra, controla as prumadas, os níveis e alinhamentos.

b) *Estradas* (rodovias e ferrovias). A Topografia participa do "reconhecimento"; ajuda no "antiprojeto"; executa a "linha de ensaio" ou "linha básica"; faz o projeto do traçado geométrico; loca-o; projeta a terraplenagem; resolve o problema de transporte de terra; controla a execução e pavimentação (a infraestrutura, no caso das ferrovias); colabora na sinalização, corrige falhas, tais como curvas mal traçadas etc.

c) *Barragens*. A Topografia faz os levantamentos plano-altimétricos para o projeto, loca-o, determina o contorno da área inundada; controla a execução, sempre nos problemas de prumadas, níveis e alinhamentos.

A Topografia é utilizada também em trabalhos de saneamento, água, esgoto; construção de pontes, viadutos, túneis, portos, canais, irrigação, arruamentos e loteamentos, sempre como um "meio" para atingir outra finalidade. Na Engenharia Mecânica ela é indispensável na "locação de bases de máquinas e nas montagens mecânicas de alta precisão". Na Engenharia Eletrotécnica é utilizada nas hidrelétricas, subestações e linhas de transmissão. É comum também a aplicação de Coordenadas U.T.M. para arquivo de dados dos sistemas de distribuição primário e secundário.

A Topografia procede aos levantamentos das galerias de mineração, ajuda nas partilhas de propriedades e, na Agricultura, nas curvas de nível ou de desnível.

Por tudo isso, é lamentável que a Engenharia atualmente praticada em nosso país coloque a Topografia em posição secundária, com tristes consequências: vias urbanas expressas com curvas mal traçadas que ocasionam muitos acidentes, complexos viários com espirais de transição dispostas de modo contrário, viadutos e "elevados" com terríveis sinuosidades, imprevisão nos locais de colocação indispensável de *guard-rail* (defensas), colocação imprópria de sinalização. Em apoio ao que foi afirmado, podem testemunhar os engenheiros responsáveis pela execução de projetos que constatam incoerências de medidas entre o projeto e a obra, sempre como consequência de levantamentos malfeitos.

Toda atividade prática contém erro, e a Topografia não pode ser exceção. O que pretendemos, portanto, é que a Topografia seja praticada com erros aceitáveis e, para isso, é necessário que a tomemos como uma atividade importante dentro da Engenharia. E será, pondo seu estudo em nível realmente universitário, que se conseguirá aplicá-la dentro dos limites de erro aceitáveis.

# Conteúdo

**1** Topografia: definição, objetivos, divisões e unidades usuais   *11*

**2** Equipamentos auxiliares da Topografia   *17*

**3** Métodos de medição de distâncias horizontais   *23*

**4** Levantamento de pequenas propriedades somente com medidas lineares   *35*

**5** Direções norte-sul magnética e norte-sul verdadeira   *43*

**6** Rumos e azimutes   *47*

**7** Bússolas   *57*

**8** Correção de rumos e azimutes   *61*

**9** Levantamento utilizando poligonais como linhas básicas   *76*

**10** Cálculo de coordenadas parciais, de abscissas parciais e de ordenadas parciais   *80*

**11** O ponto mais a oeste e cálculo de coordenadas totais   *92*

**12** Cálculo de área de polígono   *97*

**13** Poligonais secundárias, cálculo analítico de lados de poligonais  110

**14** Áreas extrapoligonais  117

**15** Teodolito  129

**16** Métodos de medição de ângulos  134

**17** Retificações de trânsito  142

**18** Altimetria-nivelamento geométrico  153

**19** Retificação de níveis  163

**20** Taqueometria  173

**21** Cálculo das distâncias horizontal e vertical entre dois pontos pelo método das rampas e pela mira de base  199

**22** Alidade prancheta  203

**23** Equipamento eletrônico  208

# 1
# Topografia: definição, objetivos, divisões e unidades usuais

A Topografia [do grego *topos* (lugar) e *graphein* (descrever)] é a ciência aplicada cujo objetivo é representar, no papel, a configuração de uma porção de terreno com as benfeitorias que estão em sua superfície. Ela permite a representação, em planta, dos limites de uma propriedade, dos detalhes que estão em seu interior (cercas, construções, campos cultivados e benfeitorias em geral, córregos, vales, espigões etc.).

É a Topografia que, por meio de plantas com curvas de nível, representa o relevo do solo com todas as suas elevações e depressões. Também nos permite conhecer a diferença de nível entre dois pontos, seja qual for a distância que os separe; faz-nos conhecer o volume de terra que deverá ser retirado (corte) ou colocado (aterro) para que um terreno, originalmente irregular, torne-se plano, para nele se edificar ou para quaisquer outras finalidades. A Topografia possibilita-nos, ainda, iniciar a perfuração de um túnel simultaneamente de ambos os lados da montanha com a certeza de perfurar apenas um túnel e não dois, por um erro de direção, uma vez que fornece as direções exatas a seguir.

Quando se deseja represar um curso d'água a fim de se explorar a energia hidráulica para a produção de energia elétrica, será a Topografia que, por intermédio de estudos prévios da bacia hidrográfica, determinará as áreas do terreno que serão submersas, procedendo-se à evacuação e à desapropriação dessas terras.

Podemos afirmar, sem medo de exageros, que a Topografia se encaixa dentro de qualquer atividade do engenheiro, pois, de uma forma ou de outra, é básica para os estudos necessários quando da construção de uma estrada, uma ponte, uma barragem, um túnel, uma linha de transmissão de força, uma grande indústria, uma edificação ou, ainda, na perfuração de minas, na distribuição de água em uma cidade etc. Seria muito longo, neste capítulo inicial, citar todas as aplicações da Topografia; elas vão surgir à medida que o assunto estiver sendo exposto.

## DIVISÕES DA TOPOGRAFIA

A Topografia comporta duas divisões principais, a planimetria e a altimetria.

Na *planimetria* são medidas as grandezas sobre um plano horizontal. Essas grandezas são as distâncias e os ângulos, portanto, as *distâncias horizontais* e os *ângulos horizontais*. Para representá-las, teremos de fazê-lo por meio de uma vista de cima, e elas aparecerão projetadas sobre um mesmo plano horizontal. Essa representação chama-se *planta*, portanto a planimetria será representada na planta.

Pela *altimetria*, fazemos as medições das distâncias e dos ângulos verticais que, na planta, não podem ser representados (exceção feita às *curvas de nível*, que serão vistas mais adiante). Por essa razão, a altimetria usa como representação a *vista lateral*, ou *perfil*, ou *corte*, ou *elevação;* os detalhes da altimetria são representados sobre um plano vertical. A única exceção é constituída pelas curvas de nível, que, embora sendo um detalhe da altimetria, aparecem nas plantas; porém é cedo para abordar esse assunto e, para ele, existem longos capítulos adiante.

As aplicações diversas da Topografia fazem com que surjam outras subdivisões para essa ciência: usos em Hidrografia, Topografia para galeria de minas, Topografia de precisão, Topografia para estradas etc.; todas elas, porém, se baseiam sempre nas duas divisões principais *planimetria* e *altimetria*.

Nas plantas, para a planimetria, e nos perfis, para a altimetria, necessitamos usar uma escala para reduzir as medidas reais a valores que caibam no papel para a representação. Essa escala é a relação entre dois valores, o real e o do desenho. Assim, quando usamos a escala 1:100 (fala-se um para cem), cada cem unidades reais serão representados, no papel, por uma unidade, ou seja, 100 m valerão, no desenho, apenas 1 m.

As escalas mais comuns usadas na topografia são citadas a seguir. Para a planimetria:

a) representação em plantas, de pequenos lotes urbanos, escalas 1:100 ou 1:200;

b) plantas de arruamentos e loteamentos urbanos, escalas 1:1.000;

c) plantas de propriedades rurais, dependendo de suas dimensões, escalas 1:1.000, 1:2 000, 1:5.000;

d) escalas inferiores a essas são aplicadas em geral nas representações de grandes regiões, encaixando-se no campo dos mapas geográficos.

Para a altimetria:

Geralmente as escalas são diferentes para representar os valores horizontais e os valores verticais; para realçar as diferenças de nível, a escala vertical costuma ser maior que a horizontal; por exemplo, escala horizontal 1:1000 e escala vertical 1:100.

Para sabermos com que valor se representa uma medida no desenho, bastará dividi-la pela escala.

**EXEMPLO 1.1** Representar, no desenho, o comprimento de 324 m em escala 1:500:

$$d = \frac{324 \text{ m}}{500} = 0{,}648 \text{ m, ou seja, } 64{,}8 \text{ cm.}$$

Para a operação contrária, deve-se multiplicar pela escala.

**EXEMPLO 1.2** Numa planta em escala 1:250, dois pontos, $A$ e $B$, estão afastados de 43,2 cm. Qual a distância real entre eles?

$$d = 0{,}432 \text{ m} \times 250 = 108 \text{ m.}$$

Quando se trata de áreas, os valores obtidos na planta devem ser multiplicados pelo quadrado da escala, para se obter a grandeza real.

**EXEMPLO 1.3** Medindo-se uma figura retangular sobre uma planta em escala 1:200, obtiveram-se lados de 12 e 5 cm. Qual a superfície do terreno que o retângulo representa?

$$\text{Área na planta} = a \text{ m}^2 = 0{,}12 \text{ m} \times 0{,}05 \text{ m} = 0{,}006 \text{ m}^2.$$

$$\text{Área real} = A = 0{,}006 \text{ m}^2 \times \overline{200}^2 = 240 \text{ m}^2.$$

Fazendo-se as operações parceladamente, facilmente se compreende por que se deve multiplicar pela escala ao quadrado: o lado de 0,12 m representa, na realidade,

$$0{,}12 \text{ m} \times 200 = 24 \text{ m};$$

o lado de 0,05 m representa

$$0{,}05 \times 200 = 10 \text{ m};$$

portanto,

$$A = 24 \times 10 \text{ m} = 240 \text{ m}^2$$

ou, ainda,

$$A = 0{,}12 \text{ m} \times 200 \times 0{,}05 \text{ m} \times 200 = 0{,}12 \text{ m} \times 0{,}05 \text{ m} \times \overline{200}^2 = 240 \text{ m}^2.$$

Para facilidade de representação no desenho e, depois, para simplificar sua interpretação, é hábito usar escalas cujos valores sejam de multiplicação e divisão fáceis, ou seja,

1:5, 1:10, 1:20, 1:50, 1:100, 1:200, 1:500, 1:1 000 etc.

Algumas vezes, podem ser empregadas, ainda, escalas 1:250, 1:300 ou 1:400. Nunca, porém, se emprega 1:372 ou valores semelhantes, pois haveria muita dificuldade em realizar o desenho e, depois, em converter as distâncias gráficas em valores reais.

Às vezes ocorre que um desenho, ao ser copiado em clichês para impressão em livros ou revistas, sofre reduções fracionárias que tornam suas escalas indeterminadas. Se, no desenho, aparecerem valores marcados (cotados), poderemos determinar a escala da impressão dividindo a distância indicada pela distância obtida graficamente no desenho.

**EXEMPLO 1.4** Numa planta, verificamos que os pontos 1 e 2 têm uma distância indicada de 820 m e que aparecem, no desenho, afastados 37 cm. Qual a escala?

$$E = \frac{820 \text{ m}}{0{,}37 \text{ m}} = 2\,216{,}2;$$

portanto a escala 1:2 216,2. Dessa forma, qualquer outra distância, não cotada na planta, poderá ser calculada desde que se obtenha a distância no desenho e se multiplique por 2 216,2.

## LIMITES DA TOPOGRAFIA

Na Topografia, para as representações e cálculos, supõe-se a Terra como sendo plana, quando, na realidade, esta é um elipsóide de revolução, achatado. Esse elipsoide, na maioria dos casos, pode ser interpretado como uma esfera. Pode-se afirmar que, quando as distâncias forem muito pequenas, seus valores, medidos sobre a superfície esférica, resultarão sensivelmente iguais àqueles medidos sobre um plano. É necessário, porém, que se fixem os limites para que isso aconteça. Acima desses limites, o erro será exagerado, e os métodos topográficos deverão ser substituídos pelos geodésicos, pois estes já levam em consideração a curvatura da Terra.

Segundo W. Jordan, o limite para se considerar uma superfície terrestre como plana é 55 km$^2$, ou seja, 55 000 000 m$^2$; ou, ainda, numa unidade muito usada no Brasil (alqueire paulista = 24 200 m$^2$), cerca de 2 272,7 alqueires paulistas. Ainda assim, trata-se de um limite para um trabalho de grande precisão. Para medições aproximadas, de propriedades rurais, os métodos topográficos podem satisfazer até o dobro da área citada, ou seja, cerca de 5 000 alqueires.

Acima desses limites, a curvatura da Terra produzirá erros que não poderão ser evitados nem por cuidados do operador, nem pela perfeição dos aparelhos. Num levantamento dos limites, de uma propriedade excessivamente grande, por processo poligonal, mesmo supondo-se a medida de todos os ângulos e distâncias sem qualquer erro, ainda assim, no cálculo, o polígono não fechará, pois está suposto sobre um plano, quando, na realidade, está sobre uma esfera.

## UNIDADES EMPREGADAS NA TOPOGRAFIA

As grandezas mais frequentes na Topografia são distâncias e ângulos; além destas aparecem áreas e volumes. Para distâncias, a unidade universalmente empregada é o metro com seus submúltiplos: decimetro, centímetro e milímetro. Excepcionalmente pode-se empregar o quilômetro, mas, raramente, pois a Topografia não se destina a grandes distâncias. Para a expressão de áreas, usa-se o metro quadrado, salvo em propriedades de zonas rurais, onde ainda se fala em alqueire paulista ou mineiro; para volumes usa-se o metro cúbico. Adiante daremos uma relação de valores comparativos de unidades lineares, de área e de volumes. Para ângulos, a Topografia só emprega os graus sexagesimais ou grados centésimos; para fins militares existe o *milésimo*.

O grau sexagesimal é 1/360 da circunferência, sendo cada grau dividido em 60 min e cada minuto em 60 s. Portanto, já que a circunferência tem 360 graus e o grau tem 60 min, a circunferência tem 360 × 60 = 21 600 min; e tem 21 600 × 60 = 1 296 000 s.

O grado centesimal é 1/400 da circunferência, sendo cada grado dividido em 100 min de grado, e cada minuto dividido em 100 s de grado; portanto, a circunferência tem 40 000 min ou 4 000 000 s. Essa unidade é bem mais prática para uso, pois, sendo decimal, não exige os cansativos trabalhos de transformação que o grau sexagesimal implica.

Os cálculos militares empregam o milésimo. O milésimo é a abertura angular resultante da paralaxe de 1 a 1 000 m de distância (Figura 1.1).

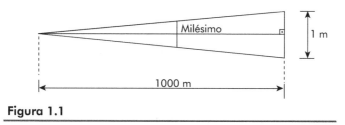

**Figura 1.1**

Uma circunferência com raio 1 000 m tem como comprimento $C = 2\pi R = 6\ 283{,}185308$ m; um metro representa pois uma fração da circunferência igual a 1/6283,185308. Significa que a circunferência tem 6 283,185308 *milésimos*. Esse é o valor exato do *milésimo*. Acontece que o grande emprego do milésimo está no setor militar por razões de rapidez de cálculos.

Vejamos um exemplo: um binóculo apresenta gravação de retículos de milésimo em milésimo nas duas direções, horizontal e vertical. Observando uma torre que sabemos ter 40 m de altura, vemos que ela se encaixa em 5 milésimos. Qual a distância entre nós e a torre?

SOLUÇÃO. Se 40 m correspondem a 5 milésimos; quantos metros de altura corresponderão a 1 milésimo?

$$h = \frac{40}{5} = 8 \text{ m}$$

Já que 1 milésimo corresponde a 1 m para a distância de 1000 m, o mesmo milésimo corresponderá a 8 m a uma distância de 8 000 m.

RESPOSTA. Estamos a *cerca* de 8 000 m da torre. *Nota:* todo o cálculo é apenas aproximado.

Comparando o milésimo com o radiano (unidade mais usada para fins matemáticos) vemos que o milésimo corresponde a uma milésima parte do radiano, daí o seu nome.

A circunferência tem $2\pi \times 1\ 000$ milésimos enquanto que tem $2\pi R/R = 2\pi \times 1$ rad, portanto o radiano é mil vezes maior do que o milésimo.

Para uso prático, o número de milésimos da circunferência completa é aumentado e arredondado para 6 400 (o número 6 400 foi adotado por ser múltiplo de 2, 4, 5, 8 etc.). Assim cada quadrante corresponderá a 1 600 milésimos; 45° correspondem a 800 milésimos etc. É natural que esta aproximação torna os cálculos ainda menos corretos, porém facilitam e aceleram.

Quanto às medidas de distâncias, os poucos países, como os Estados Unidos e Inglaterra que não utilizavam o *metro* como unidade, já oficializaram o seu uso.

Logicamente levará algum tempo para que o uso pelo povo se generalize. Assim os livros técnicos ainda falarão de polegadas, pés, jardas e milhas durante algum tempo mais.

$$1 \text{ polegada} = 2,54 \text{ cm},$$
$$1 \text{ pé} = 12 \text{ polegadas} = 30,48 \text{ cm},$$
$$1 \text{ jarda} = 3 \text{ pés} = 91,44 \text{ cm} = 0,9144 \text{ m},$$
$$1 \text{ milha} = 1\,760 \text{ jardas} = 1\,609,34 \text{ m}.$$

Para avaliação de áreas de pequenas e médias propriedades, usa-se o metro quadrado. Para grandes áreas, pode-se usar o quilômetro quadrado, correspondente a um milhão de metros quadrados. No Brasil, ainda se emprega o *are*, correspondente a 100 m$^2$, e o hectare, valendo 10 000 m$^2$. O hectare é empregado para áreas de propriedades rurais. No entanto, o hábito faz com que ainda se utilize o alqueire como medida.

O *alqueire paulista* corresponde a um retângulo de 110 × 220 m = 24 200 m$^2$. O *alqueire mineiro* ou *goiano* corresponde a um quadrado de 220 × 220 m = 48 400 m$^2$. O alqueire paulista é aproximadamente 2,5 vezes o hectare, o que facilita as transformações; uma propriedade com 40 alqueires paulistas corresponde aproximadamente a 40 × 2,5 = 100 hectares.

A medida americana antiga para áreas é o *acre* que corresponde a 4 840 jardas quadradas ou 0,9144$^2$ × 4 840 = 4 046,86 m$^2$. Para cálculos aproximados, pode-se considerar o *acre* valendo 4 000 m$^2$.

Para volumes, usa-se o metro cúbico e, excepcionalmente, para pequenos volumes de água (medidas de vazão), o litro. Um metro cúbico contém 1 000 litros.

# 2
# Equipamentos auxiliares da Topografia

Entre os equipamentos auxiliares para se efetuar os levantamentos topográficos, incluem-se: balizas, fichas, trenas de aço, de lona, de fibra sintética e correntes de agrimensor. São esses equipamentos que estarão presentes em todos os trabalhos topográficos.

## BALIZAS

São peças, geralmente de madeira, com 2 m de altura, de seção octogonal, pintadas, a cada 50 cm, em duas cores contrastantes (vermelho e branco) e tendo na extremidade inferior um ponteiro de ferro, para facilitar sua fixação no terreno (Figura 2.1). Poderá também ser de ferro e, nesse caso, de canos galvanizados ou condutos elétricos; terão maior peso, o que representa uma inconveniência; no entanto poderão ser compostas de duas metades, de um metro cada, conectadas por uma luva com rosca, o que facilita seu transporte em veículos pequenos.

A baliza é um auxiliar indispensável para quaisquer trabalhos topográficos, pois possibilita a medida de distâncias, os alinhamentos de pontos e serve ainda para destacar um ponto sobre o terreno, tornando-o visível de locais muito afastados. As balizas são chamadas também bandeirolas; essa denominação, porém, é quase desconhecida em nosso país, sendo usada apenas em Portugal.

## FICHAS

São peças de ferro, de seção circular, com um diâmetro de 1/4" ou 3/16", com cerca de 40 cm de altura; são pontiagudas na extremidade inferior, para cravação no solo e, na extremidade superior, poderemos ter uma cabeça circular ou triangular (Figura 2.2); deve-se dar preferência às formas triangulares, pois estas dão, ao serem cravadas no solo, maior apoio para as mãos. Devem ser pintadas em cor viva para maior visibilidade, o que evita também perdas no meio da vegetação. As fichas destinam-se à marcação de um ponto sobre o solo, por curto período, porque sua forma permite fácil e rápida cravação e retirada do solo. As fichas compõem grupos de 5 ou 10, em argola de ferro, onde são enfiadas pela extremidade superior. Suas diversas aplicações irão aparecendo durante os capítulos seguintes.

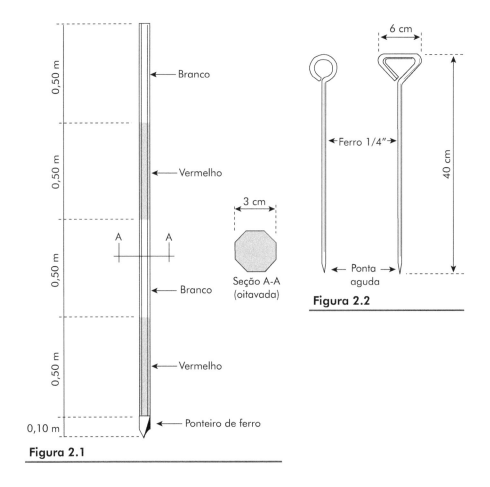

Figura 2.1

Figura 2.2

## CORRENTE DE AGRIMENSOR

Trata-se de uma peça, para medida de distâncias, que, conforme seu nome, assemelha-se a uma corrente. Tem grande facilidade de articulação e rusticidade, qualidades que a fazem muito prática para ser usada no campo. É composta de barras de ferro ligadas por elos, dois em cada extremidade, para facilitar a articulação (Figura 2.3); cada barra, com um elo de cada lado, mede 20 cm; cinco barras com os respectivos elos completam um metro; de metro em metro, encontra-se presa uma medalha onde se acha gravado o número de metros desde o início da corrente. A primeira e a última barras são diferentes, pois contêm as manoplas (Figura 2.4), as quais permitem a extensão com a força suficiente para eliminar a curvatura que o peso da própria corrente ocasiona (esta curva é chamada catenária). A manopla fixa-se num pedaço da barra, munida de rosca com porca e contraporca que permitem pequenas correções no comprimento total da corrente. As correntes têm 20 m de comprimento. Seu emprego atual é limitado, com o aparecimento das fitas (trenas) de fibra sintética, muito mais práticas e precisas.

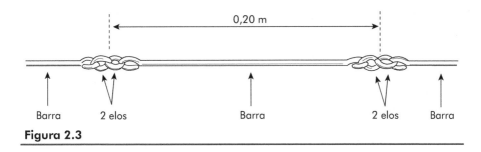

**Figura 2.3**

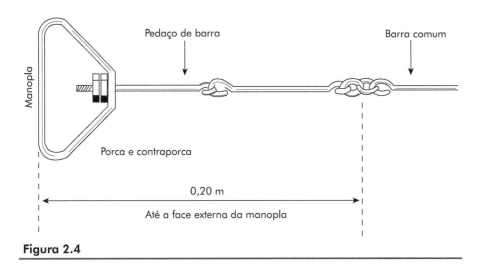

**Figura 2.4**

## TRENA DE PANO OU LONA

É uma fita de lona graduada em centímetros enrolada no interior de uma caixa circular através de uma manivela; seus comprimentos variam de 10, 15, 20, 25, 30 até 50 m. Algumas, para maior precisão, possuem um fio metálico flexível no interior da fita de lona, fio este que tem a função de reduzir a elongação daquelas, quando solicitadas por um esforço muito grande ou de diminuir sua contração quando do encolhimento da lona; ainda assim, a trena de pano não oferece condições de confiança para ser usada em medidas de responsabilidade. A grande facilidade de manuseio a torna, porém, muito aconselhável para medidas secundárias de pouca responsabilidade, principalmente na medida de detalhes.

É indispensável que se esteja prevenido sobre a grande facilidade que a trena de pano tem em aumentar o seu comprimento quando puxada com força superior à que se destina; aumentos de 5 a 10 cm são comuns em trenas de 20 m, após algum tempo de uso.

Como material básico na construção das trenas de pano, a lona vem sendo substituída por produto sintético (fibra de vidro), com sensíveis melhoras na durabilidade e na precisão.

## TRENA DE AÇO

A trena de aço é uma peça idêntica à trena de pano, porém tem a fita em aço. Geralmente o início (primeiro decímetro) é milimetrado para medidas de maior precisão. Nesta peça, os erros ocasionados por uma extensão, através de um esforço superior ao indicado, são muito reduzidos, e isto só é levado em consideração em operações especiais; pode sofrer influência da variação de temperatura (dilatação e contração do aço), existindo fórmulas para a sua correção, o que ocorre também só em casos especiais, quando ainda se corrigem os erros resultantes da catenária. Adiante, essas correções serão tratadas. As trenas de aço aparecem em comprimentos variáveis de 10, 15, 20, 25, 30, 40 até 50 m. As mais comuns são de 20 ou 30 m. Os esforços que devem ser aplicados nas trenas de aço são de 8 kg para as trenas de 20 m, de 10 kg para as de 30 m e de 15 kg para as de 50 m; as forças poderão ser medidas por um dinamômetro colocado numa das extremidades, porém tal providência será tomada apenas nas medidas de precisão. Apesar de ser a peça de maior exatidão na medida de distâncias, não é sempre usada porque exige uma série de cuidados que a tornam pouco prática nos trabalhos corriqueiros.

Pelo fato de ser guardada sempre enrolada nas caixas circulares, a fita de aço tem a tendência de formar voltas que escondidas na vegetação ficam invisíveis; ao se esticar a trena, a volta se aperta (Figura 2.5) e acaba por partir-se.

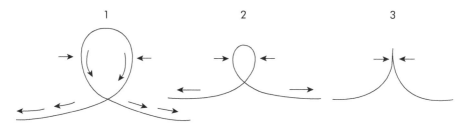

Acidente muito comum com trenas de aço

**Figura 2.5**

Outro inconveniente é que ela pode enferrujar-se rapidamente; ao final de cada dia de trabalho, há necessidade de limpá-la com querosene e, a seguir, besuntá-la com vaselina; guardá-la sem esses cuidados na caixa, é certo que será atacada pela ferrugem.

Não pode ser arrastada pelo solo, pois gastará a gravação dos números e dos traços que constituem sua marcação.

Todos estes fatores tornam a trena de aço muito pouco prática no uso comum, ficando reservada para as medidas de grande responsabilidade.

## FITAS DE AÇO

São também trenas de aço, porém no lugar de estarem em caixas circulares fechadas, são enroladas em círculos descobertos munidos de um cabo de madeira. Outra diferença está no fato de não serem gravadas de ponta a ponta, apenas o primeiro e o último decímetro é que são milimetrados; a parte intermediária é marcada apenas de 50 a 50 cm, os metros inteiros com chapinhas rebitadas na fita e com o número em baixo-relevo, e os meio-metros com pequeninos orifícios na fita, sem qualquer outra indicação; é uma forma de torná-la mais rústica, permitindo mesmo que seja arrastada pelo solo sem ser prejudicada (Figura 2.6).

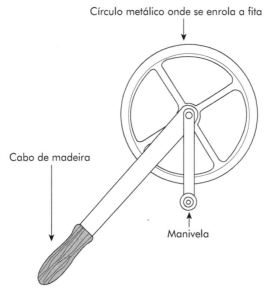

**Figura 2.6** Dispositivo para guardar a fita quando não estiver em uso.

Nas duas extremidades, pequenas argolas permitem a passagem de uma correia de couro para permitir o seu esticamento em condições práticas (Figura 2.7).

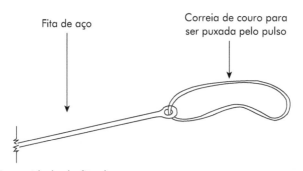

**Figura 2.7** Extremidade da fita de aço.

## FITAS PLÁSTICAS

São extremamente práticas e mais precisas do que as trenas de pano e as correntes de agrimensor. Naturalmente são menos duráveis; com uso cuidadoso, porém, duram muitos anos. Vêm sendo encontradas, nas lojas especializadas, fitas com comprimentos de 20, 25 ou 30 m, sem envoltório e com correias, também plásticas, nas pontas.

Vêm graduadas de 5 em 5 cm, com fundo em branco e as graduações em preto e vermelho, o que dá boa visibilidade. Ao experimentar-se sua resistência à tração, verifica-se que uma fita de 20 m necessita de uma força de 5 a 7 k para ficar razoavelmente bem estendida. Aumentando-se para cerca de 12 k constata-se uma extensão de 1 cm em 20 m; resulta, portanto, muito melhor do que as trenas de lona onde esses erros chegam a cerca de 5 cm.

## CADERNETAS DE CAMPO

As anotações de campo devem ser feitas em cadernetas apropriadas. As condições de trabalho são rústicas e árduas obrigando o emprego de uma caderneta com encadernação especial, de capa dura, impermeabilizada e com papel resistente nas folhas internas. Algumas são vendidas já prontas com títulos impressos para as tabelas de anotação, o que não nos parece bom por restringir o seu emprego. É verdade que economiza tempo, no campo; por isso as firmas que usam métodos padronizados podem mandar editá-las especialmente para o seu uso.

A caderneta de campo, em certos trabalhos, principalmente oficiais, é uma peça de extrema importância e deve ser mantida inalterada. Não podemos esquecer que, ao calcular, sempre podem ser cometidos enganos. Ora, se alterarmos os dados originais, fica impossível nova verificação. Em alguns contratos de serviço, as cadernetas de campo devem ser entregues, juntamente com as planilhas de cálculo, desenhos e demais documentos.

# 3
# Métodos de medição de distâncias horizontais

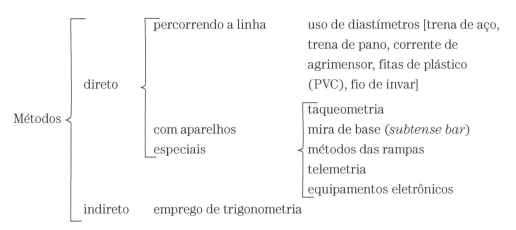

Dizemos que se emprega o método direto quando, para se conhecer a distância *AB*, mede-se a própria distância *AB*. É método indireto quando, para determinar *AB*, medem-se qualquer outra reta e determinados ângulos que permitem o cálculo por trigonometria. O método direto pode ser utilizado percorrendo-se a linha com qualquer tipo de diastímetro, aplicando-o sucessivamente até o final; por exemplo, se ao medirmos uma distância com uma trena de 20 m, conseguirmos aplicá-la quatro vezes e, no final, restar a distância fracionária de 12,73 m, a distância total será 4 × 20 m + 12,73 m = 92,73 m. Neste mesmo capítulo, fazemos uma descrição detalhada para aplicarmos esse método com o mínimo de erro possível.

Quanto à aplicação de aparelhos especiais, os assuntos serão tratados em capítulos posteriores, mas já damos uma noção neste capítulo.

## TAQUEOMETRIA

É o emprego do taqueômetro, ou seja, um teodolito que possui linhas de vista divergentes (Figura 3.1). As linhas de vista *FA* e *FB* (divergentes) atingem uma régua graduada (*mira*), permitindo a leitura da distância *I*; é conhecida a constante do aparelho (*f/i*); pode-se assim calcular

$$S = I\frac{f}{i},$$

sendo S a distância entre o aparelho no ponto *F* e a mira no ponto *M*.

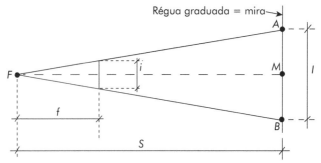

**Figura 3.1** Princípio da taqueometria; o desenho é vista lateral.

## MIRA DE BASE (*subtense bar*)

Esse equipamento emprega o mesmo princípio da taqueometria, porém com uma inversão: aqui o valor $I$ torna-se constante, e a variável é a abertura angular das duas linhas de vista. Uma barra de 2 m (de invar) é assentada, sobre um tripé, no ponto $B$, de modo a ficar horizontal, e perpendicular à linha de vista que vem de $A$. O teodolito de alta precisão, colocado em $A$, mede o ângulo visando para a esquerda e depois para a direita; a distância $AB$ é a cotangente de $\beta/2$, já que $EB = BD = 1$ m (Figura 3.2).

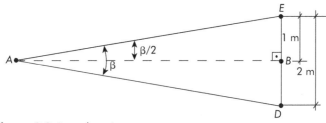

**Figura 3.2** (em planta).

## MÉTODO DAS RAMPAS

O teodolito colocado em $A$ visa para uma régua graduada (mira), colocada em $B$ com duas inclinações da luneta, $\alpha_1$ e $\alpha_2$; estes ângulos são medidos, junto com as leituras $I_1$ e $l_2$, na mira (Figura 3.3).

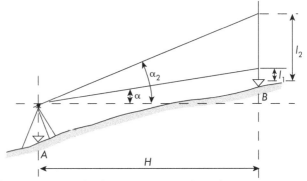

**Figura 3.3** Método das rampas, vista lateral.

A distância horizontal ($H$) é obtida pela seguinte fórmula:

$$H = \frac{l_2 - l_1}{\text{tg } \alpha_2 - \text{tg } \alpha_1}$$

## TELEMETRIA

Os telêmetros mecânicos ou ópticos são aparelhos que aplicam o princípio da mira de base ao contrário, isto é, o telêmetro que constitui a base está no ponto A e o ponto $B$ é apenas um ponto visado; em função da regulagem para se visar $B$ com as objetivas $E$ e $D$ do telêmetro, mede-se a distância $AB$ (Figura 3.4).

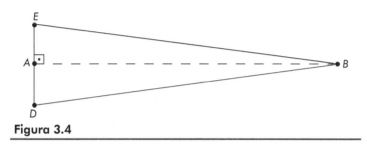

**Figura 3.4**

Nas máquinas fotográficas, existe também num telêmetro óptico, portanto, ao se localizar a imagem para a foto, pode-se saber a distância em que ela se encontra da máquina, lendo-se na escala das distâncias, mas com baixa precisão, pois, além dos 15 m, normalmente as máquinas consideram como infinito. Qualquer tipo de telêmetro é sempre de precisão muito baixa, mas tem importância para fins militares porque é o processo que não necessita enviar ninguém ao ponto $B$.

## EQUIPAMENTOS ELETRÔNICOS

A aplicação de raios infravermelhos ou do *laser*, ou ainda, o emprego de aparelhos de emissão de ondas de rádio de alta-frequência (microondas) permitem o cálculo de distâncias que vão desde 10 m até cerca de 120 km com rapidez e precisão. A importância desses equipamentos na Topografia e Geodésia modernas merecerá capítulo especial, posteriormente.

## DIASTÍMETROS

### Medições com corrente

Supõem-se dois pontos $A$ e $B$, fixados no terreno por meio de estacas, que são peças de madeira, geralmente de tamanho reduzido de seção 3 × 3 cm e comprimento de 15 cm, com a função de marcar, no solo, um determinado ponto; para marcação por períodos mais longos, podem-se empregar estacas maiores, chegando-se até o emprego de marcos de concreto, quando a demarcação for de grande importância e responsabilidade.

Quer-se conhecer a distância horizontal entre $A$ e $B$, usando-se para isso a corrente. As peças auxiliares serão quatro balizas e um maço de fichas. São ainda indispensáveis dois operadores; um terceiro poderá ser útil, mas não indispensável.

- Inicialmente, crava-se uma baliza junto e atrás da estaca $B$.
- O primeiro operador, chamado homem de ré, segura uma baliza sobre a estaca $A$ e, junto a ela, uma das manoplas da corrente.
- O segundo operador, homem de vante, tem nas mãos outra baliza, o maço de fichas e a outra manopla da corrente; segurando a baliza a cerca de 20 m (comprimento da corrente) do ponto $A$, solicita do operador de ré que lhe forneça alinhamento.
- O homem de ré, colocando-se atrás de sua baliza e olhando para a baliza colocada no ponto $B$, por meio de gestos procura orientar a baliza do homem de vante, de modo a ficar na mesma linha das outras duas; em seguida segura a manopla exatamente no eixo de sua baliza (Figura 3.5).

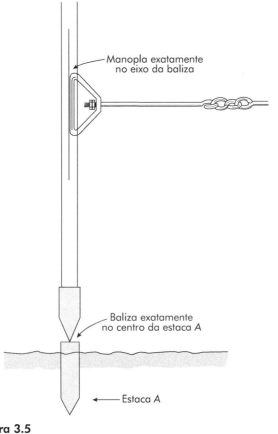

**Figura 3.5**

- O homem de vante estica a corrente até conseguir que ela fique com uma catenária relativamente pequena. Considera-se normal que uma corrente de 20 m tenha uma catenária, cuja flecha central tenha cerca de 30 ou 40 cm, não havendo necessidade de fazê-la uma reta perfeita (seria necessário um esforço acima do normal). Esticando a corrente, o operador de vante traz sua baliza, sempre acompanhando o alinhamento, para a posição da manopla. A corrente deverá estar horizontal; para isso, nos terrenos inclinados, o operador que estiver na parte mais baixa levanta a manopla, enquanto o operador, que está no ponto mais elevado, segura a manopla o mais perto possível do solo (Figura 3.6). O operador que segura a manopla muito acima do solo deverá colocar-se lateralmente à direção da linha, para poder controlar a verticalidade da baliza no sentido que mais interessa (Figura 3.7). Quando as balizas se inclinam para os lados, e não para a frente ou para trás, os erros resultantes são relativamente pequenos.

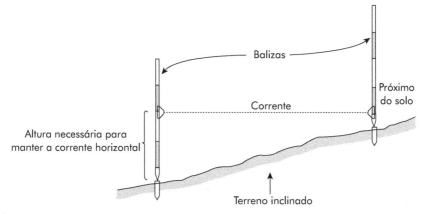

**Figura 3.6**

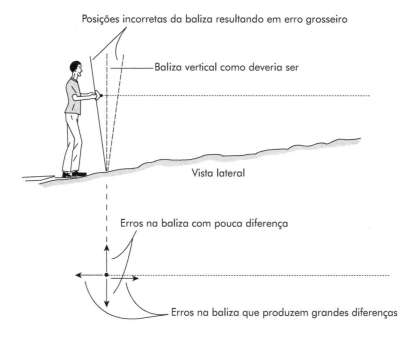

**Figura 3.7**

• Terminada a medida desse setor de 20 m, o operador de vante crava uma ficha no lugar da baliza e carrega esta, junto com a corrente, para medir outra parcela. O homem de ré, carrega sua baliza até o ponto onde se acha cravada a ficha, substituindo uma pela outra; terá em suas mãos uma ficha, o que significa já ter sido medida uma correntada.

• Quando o terreno tiver grande inclinação, para estabelecer a correntada horizontal, será necessário que uma das manoplas seja colocada no topo da baliza ou até fora dela; isso tornará a medida impossível; nesse caso, deve-se parcelar a correntada, medindo-se 10 m e depois os outros 10 m. Quando houver ainda maior inclinação, poder-se-á medir de 5 em 5 m e assim sucessivamente; mas existem duas regras a que devem ser obedecidas: a correntada sempre deverá ser concluída completando-se a corrente, isto é, os primeiros 10 m devem ser medidos com a primeira parte da corrente e os restantes 10 m com o resto da corrente; a segunda regra determina que, somente quando a correntada se completar, o homem de vante cravará a ficha.

• As fichas, assim, terão também o papel de servir para contar o número de correntadas. Em linhas longas, pode-se esquecer o número de vezes em que se completou a corrente, pois a medida total será igual ao número de fichas vezes 20 m, mais a última distância fracionária obtida.

*Erros.* Considera-se razoável a distância obtida com a corrente quando seu erro está na relação menor ou igual a 1/1 000, ou seja, 1 m em cada quilômetro medido; isso é o mesmo que dizer 10 cm em cada 100 m ou 2 cm em cada 20 m (uma correntada). Por essa razão, é necessário o máximo cuidado para que se enquadre dentro desse limite. Citamos a seguir os principais motivos de erros, para que os principiantes estejam prevenidos contra eles:

a) colocar-se atrás das balizas, e não lateralmente; em posição errada, o observador não poderá notar a inclinação das balizas para a frente e para trás, provocando o maior de todos os erros;

b) segurar as manoplas fora do eixo da baliza;

c) esticar pouco a corrente;

d) esticar a corrente fora da linha horizontal; esse erro aparece crescendo em progressão geométrica e, por isso, pequenas diferenças de nível não afetam (Figura 3.8).

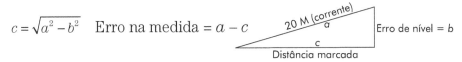

**Figura 3.8**

Vejamos os valores do erro *(a – c)* quando *b* varia de 0 a 1 m, de 10 em 10 cm.

| b (em m) | a – c |
|---|---|
| 0,1 | 0,00025 |
| 0,2 | 0,00100 |
| 0,3 | 0,00250 |
| 0,4 | 0,00410 |
| 0,5 | 0,00630 |
| 0,6 | 0,00910 |
| 0,7 | 0,01200 |
| 0,8 | 0,01600 |
| 0,9 | 0,02030 |
| 1,0 | 0,02500 |

Por esses valores de erro, vê-se que um erro de 10 cm no nível acarreta um erro desprezível de 0,2 mm; apenas, ao chegar o erro de nível a 0,6 m, é que o erro na distância atinge cerca de 1 cm.

e) *erro provocado por catenária*. Em virtude do peso elevado da corrente, devemos prever que, mesmo quando esticada com força, ela apresentará uma curvatura. Essa curvatura é denominada *catenária*, cujo comportamento devidamente estudado apresenta a fórmula

$$C_c = \frac{8f^2}{3l} - \cdots$$

(desenvolvimento em série onde apenas o primeiro termo tem valor significativo), onde

$C_c$ = erro provocado pela catenária, em metros;

$f$ = flecha central, em metros;

$l$ = vão livre (entre os extremos) = comprimento da corrente.

Por sua vez a flecha *f* pode ser calculada por

$$f = \frac{pl^2}{8F},$$

onde

$p$ = peso por metro linear de corrente,

$F$ = força de tensão, em quilogramas,

portanto

$$f^2 = \frac{p^2 l^4}{64 F^2}$$

Substituindo, temos

$$C_c = \frac{8p^2 l^4}{3l \cdot 64 F^2},$$

portanto

$$C_c = \frac{p^2 l^3}{24 F^2}.$$

Para uma peça pesada como a corrente, é mais prático aferi-la com uma flecha razoável, eliminando a necessidade de aplicarmos posteriormente a correção. Uma corrente de 20 m terá uma flecha ($f$) razoável de 0,30 m. Então ao aferi-la, comparando-a com uma trena de aço precisa, devemos fazê-lo deixando esta flecha. No uso comum, procuraremos então esticá-la deixando aproximadamente a mesma flecha. Esse assunto será comentado logo adiante.

Ressaltamos que a falta de comodidade no uso da corrente faz com que, atualmente, prefira-se o emprego das fitas de plástico (PVC), que são leves, mais precisas do que as correntes e apresentam a mesma rusticidade destas, isto é, não necessitam de cuidados especiais para não se estragarem ou partirem.

### Medições com a trena de aço, com a fita de aço ou com a fita de plástico (PVC)

As medições com essas peças obedecem às mesmas regras das executadas com a corrente; excetuam-se as medidas de linhas de base para triangulações, que exigem cuidados especiais e serão tratadas adiante. Nas medidas comuns, a trena de aço apenas aumenta a precisão da operação.

### Aferição da corrente – correção das medidas obtidas com uma corrente errada

Além dos erros abordados, resultantes das falhas de medição, existem aqueles que se originam de erro da corrente; esta poderá ter um comprimento superior ou inferior ao fixado. Uma corrente de 20 m, por diversas razões, poderá medir 19.95 ou 20.04 etc. Para a constatação desse erro, deve-se aferir a corrente, comparando-a com uma trena de aço de confiança; no entanto, essa aferição deverá ser feita com a corrente nas mesmas condições em que será usada. Sabemos que é praticamente impossível esticá-la entre duas balizas, eliminando completamente a catenária, por isso, aferi-la esticada sobre um solo perfeitamente plano é errado, a não ser que se acrescente o erro que será cometido ao usá-la com uma determinada flecha.

Sabemos que uma flecha de 0,3 m reduz o comprimento da corrente em 12 mm:

$$c = \frac{8f^2}{3l} = \frac{8 \times \overline{0,3} \text{ m}^2}{3 \times 20 \text{ m}} = \frac{8 \times 0,09}{60} = \frac{0,72}{60} = 0,012 \text{ m}.$$

Portanto, comparando a corrente sobre um solo plano, com uma trena de aço, e encontrando-se $l = 20,04$, o comprimento real será

$$20,04 - 0,012 = 20,028$$

quando for usada com a flecha de 30 cm.

Outro modo de aferição, mas menos exato, seria estender a corrente entre duas balizas, sem tocar o solo, permitindo uma flecha normal. Para isso, será necessário cravar as balizas no solo para que fiquem fixas; a seguir, mede-se a mesma distância com a trena de aço. Esse sistema é mais difícil e menos prático, pois é problemático conseguir as duas balizas na posição exata sem tocá-las, e também pouco provável a extensão da corrente.

Tendo-se aferido a corrente e constatando-se determinado erro, surgem dois caminhos, a correção mecânica ou a correção analítica. A correção mecânica é feita na própria corrente: usa-se a barra inicial anexa à manopla, e que, possuindo rosca, porca e contraporca, permite pequenas retificações. Em geral se prefere a correção analítica, por ser mais rápida e exata. Consiste em usar normalmente a corrente, corrigindo os valores obtidos. Essa correção é feita usando-se uma simples regra de três inversa:

$$l_r = \frac{\text{comprimento real da corrente} \times l \text{ medido}}{\text{comprimento nominal de corrente}},$$

$$\frac{l_r}{l_m} = \frac{c}{20} \quad l_r = \frac{c}{20} l_m,$$

sendo

$l_r$ o comprimento real da linha, $l_m$ o comprimento medido com a corrente errada, e $c$ o comprimento da corrente.

A regra de três é inversa porque, quanto maior for a corrente, menor número de vezes caberá dentro da linha.

**EXEMPLO 3.1** As linhas dadas neste exemplo (Tabela 3.1) foram medidas com uma corrente que, após aferida, media 19.96 m. Determinar os comprimentos corrigidos.

Tabela 3.1

| Linha | Comprimento medido | Comprimento corrigido |
|---|---|---|
| 4-5 | 113,30 | 113,07 |
| 5-6 | 142,85 | 142,56 |
| 6-7 | 71,10 | 70,96 |
| 7-8 | 42,75 | 42,66 |
| 8-9 | 90,05 | 89,87 |
| 9-10 | 56,40 | 56,29 |
| 10-11 | 66,30 | 66,17 |

Constante $= \dfrac{c}{20} = \dfrac{19,96}{20} = 0,998$.

Os valores da coluna dos *comprimentos corrigidos* foram obtidos pelo produto dos comprimentos medidos por 0,998.

**EXEMPLO 3.2** A linha $A$-$B$ foi medida com uma corrente que media 20,06 m. obtendo-se 92,12 m. Qual o comprimento real da linha?

$$l_r = l_m \frac{c}{20} = 92{,}12 \times \frac{20{,}06}{20} = 92{,}40 \text{ m}$$

## Medidas de distância, com trena de aço, para alta precisão

Quando for necessária alta precisão na medida de uma distância, devemos aplicar métodos especiais. Naturalmente, esses métodos exigirão dispêndio de muito tempo, porém o tempo gasto torna-se pouco importante com tais casos, pois a precisão é fundamental. É o caso de uma distância que será utilizada como *linha de base* para triangulações, isto é. baseados na medida de apenas uma linha iremos calcular (trigonometricamente) muitas outras.

Devemos escolher um terreno apropriado, relativamente plano e o menos inclinado possível. Após a escolha das extremidades da linha, devemos limpar o terreno e estaqueá-lo, de forma que, de estaca em estaca, a distância seja alguns centímetros (de 2 a 5 cm) menor que o comprimento da trena (Figura 3.9). Os pontos $A$ e $B$ são os extremos da linha a ser medida, As estacas 1, 2, 3 e 4 deverão estar colocadas de tal forma que a trena possa ser esticada diretamente entre elas com a inclinação necessária, assim as distâncias diretas (inclinadas) $A$-1, 1-2, 2-3 e 3-4 serão de 2 a 5 cm menores do que o comprimento da trena. Em cada estaca será colocado um pequeno prego para definir exatamente um ponto. A distância $A$-$B$ será a que sobrar. As trenas apresentam os primeiros 10 cm, milimetrados; por isso, poderemos medir as distâncias esticando diretamente a trena, lendo até os milímetros. Supondo que. ao colocarmos a divisão de 30 m da trena no prego em 1, lemos 0,023 m em $A$, a distância será 30,000 − 0,023 = 29,977 m. Ao proceder as diversas medidas devemos anotar as temperaturas ambientais e a tensão com que a trena está sendo esticada; para isso aplica-se um dinamômetro numa das extremidades da trena. Devemos proceder a um número elevado de repetições das medidas (mínimo de quatro vezes) para ser aplicada a *teoria dos erros*.

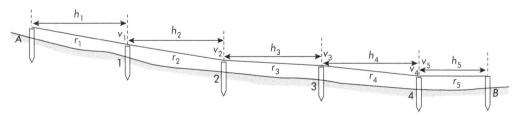

**Figura 3.9**

Serão aplicadas correções correspondentes à temperatura, à tensão e à catenária. Com isso teremos as distâncias *inclinadas* corrigidas entre 4-1, 1-2, 2-3, 3-4 e 4-$B$ ($r_1$, $r_2$, $r_3$, $r_4$ e $r_5$).

Procedendo a um nivelamento geométrico de precisão, saberemos as distâncias verticais (diferenças de cotas: $v_1, v_2, v_3, v_4$ e $v_5$) entre A-1, 1-2, 2-3, 3-4 e 4-5. Por Pitágoras, calcularemos as distâncias horizontais parciais ($h_1, h_2, h_3, h_4$ e $h_5$). Somando-as, teremos a distância horizontal total A-B.

*Correção correspondente à temperatura.* Uma trena de aço de precisão terá o comprimento exato na temperatura-padrão. Seu comprimento será levemente diferente se for utilizada numa temperatura diferente. Por isso, o fabricante deverá fornecer a temperatura-padrão e o coeficiente de dilatação do tipo de aço utilizado – a temperatura-padrão em graus centígrados e o coeficiente de dilatação por metro linear e por grau centígrado.

**EXEMPLO 3.3** Correção da distância medida de A-1 (29,977 m), sendo

comprimento da trena = L = 30 m,

temperatura-padrão = $T_o$ = 20 °C,

coeficiente para a temperatura = $C_t$ = 0,000012 (por metro e por grau centígrado),
temperatura-ambiente = $T$ = 32 °C.

Calculando a correção total para a temperatura-ambiente, temos

$$C_T = C_t \times l \times (T - T_o),$$

$$C_r = 0,000012 \times 30(32 - 20) = 0,00432 \text{ m}.$$

Uma vez que a elevação da temperatura aumentou o comprimento da trena, a distância medida apresentou um erro para menos. Portanto a correção será para mais:

distância corrigida será 29,977 + 0,00432 = 29,98132 m.

*Correção correspondente à tensão.* A trena tem o comprimento exato para uma tensão-padrão. Caso seja aplicada numa força superior, ela se estenderá. O fabricante deverá fornecer a tensão-padrão e o coeficiente de dilatação por metro linear e por quilograma-força de variação.

**EXEMPLO 3.4** A mesma trena do exemplo anterior tem como tensão-padrão = $F_o$ = 8 kgf e como coeficiente de dilatação = $c_f$ = 0,000010 m por metro e por quilograma; a força aplicada ($F$) é 11 kgf.

Como correção total de força aplicada, temos:

$$C_F = c_f \times l \times (F - F_o),$$

$$C_F = 0,000010 \times 30(11 - 8) = 0,0009 \text{ m}.$$

Como a tensão foi maior do que o padrão, o comprimento da trena aumentou, e a distância medida apresentou um erro para menos. Portanto a correção também será para mais: distância corrigida = 29,977 + 0,0009 = 29,9779 m.

*Correção para a catenária.* Para aplicarmos a fórmula de correção da catenária, devemos conhecer o peso *(p)* em quilogramas por metro linear da trena.

No mesmo exemplo anterior, supondo $p = 0,052$ kgf por metro linear, teremos:

$$C_c = \frac{p^2 l^3}{24 F^2} = \frac{0,052^2 \times 30^3}{24 \times 11^2} = 0,02514.$$

A catenária encurta o comprimento da trena, portanto, o erro é para mais e a correção será para menos: distância corrigida = 29,977 – 0,02514 = 29,95186 m.

Aplicando, agora, as três correções, vamos ter a distância final corrigida = 29,977 + 0,00432 + 0,0009 – 0,02514 = 29,95708 m ≃ 29,957 m.

Ainda no mesmo exemplo, supondo que, no trabalho de nivelamento geométrico, tenha resultado

cota de $A$ = 100,000 m e cota de 1 = 98,874 m,

calcular a distância horizontal $h_1$ ($v_1$ = 100,000 – 98,874 = 1,126 m):

$$h_1 = \sqrt{r_1^2 - v_1^2} = \sqrt{29,957^2 - 1,126^2} = 29,9358 \simeq 29,936 \text{ m}$$

$h_1 = 29,936$ m.

Como podemos observar, todos os cuidados empregados tornam demorada a operação, por isso, só devemos empregá-los quando a precisão for necessária.

# 4
# Levantamento de pequenas propriedades somente com medidas lineares

Para proceder a um levantamento somente com medidas lineares, abordaremos o conceito de triangulação para a montagem da rede de linhas onde serão amarrados os detalhes. Em seguida usaremos os métodos de amarração destes detalhes nas linhas que estão sendo medidas e finalmente o processo de anotação na "caderneta de campo".

Sabe-se que o triângulo é uma figura geométrica que se torna totalmente determinada quando se conhecem seus três lados; não há necessidade de conhecer os ângulos. Por essa razão, nos levantamentos exclusivamente com medidas lineares, os triângulos constituirão a armação do levantamento. Assim, dentro da gleba que se pretende levantar, escolhem-se pontos que formem, entre eles, triângulos encostados uns aos outros, de modo a abranger toda a região; para atender à necessidade de exatidão, porém, torna-se necessário que tenhamos triângulos principais cobrindo toda a área e, a seguir, triângulos secundários subdividindo os principais, para permitir a amarração dos detalhes.

Para esclarecer, vamos imaginar uma certa gleba e indicar, na Figura 4.1, a solução certa da disposição dos triângulos e, na Figura 4.2, a solução errada. A diferença está no seguinte:

a) na Figura 4.1, houve preocupação em estabelecer dois triângulos principais (*ABC* e *ACD*), e todos os outros triângulos são secundários:

b) na Figura 4.2, não existem triângulos principais, sendo todos secundários; nesse caso, haverá acumulação de erro; os erros irão passando e somando-se de um para outro triângulo, sendo, portanto, muito maior a possibilidade de deformação.

A formação dos triângulos secundários e menores (*ABE*, *BEH*, *AES*, *AGI*, *GEF*, *EFH*, *DFG*, *CFH* e *CDF*) é necessária para que se possa atingir, com a triangulação, todos os detalhes que se queira levantar.

Um detalhe, por exemplo, como a construção *M* (Figura 4.1), está muito distante das linhas principais *AC*, *AD* e *CD*; no entanto, a linha secundária *GF*, passando perto, facilita a sua localização.

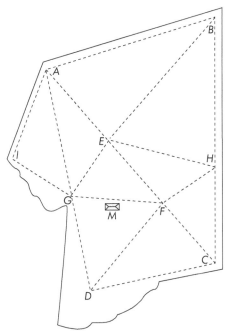

**Figura 4.1** Triangulação para levantamento, só com medidas lineares; processo certo.

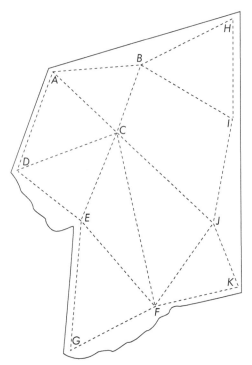

**Figura 4.2** Triangulação errada para levantamento com medidas lineares: o erro está em não ter havido a preocupação de formar triângulos principais, como na Fig. 4.1.

Desde que se escolham os pontos que formam os triângulos constantes da Figura 4.1, deve-se medir cada uma das retas que constituem os lados de todos os triângulos. Essas medidas deverão ser feitas de preferência com trena de aço; no caso de usar-se a corrente de agrimensor, deve-se aferi-la diariamente com a trena para se proceder à correção analítica. As linhas poderão ser medidas sem qualquer ordem obrigatória, pois a sequência em que forem feitas não afetará o resultado.

Ao medir-se uma linha, os detalhes que a marginam serão nela amarrados. Para a amarração de um detalhe sobre uma linha que se mede, existem dois processos básicos: o da perpendicular e o do triângulo.

O processo da perpendicular consiste em projetar o ponto que se quer amarrar, sobre a linha, medindo o valor $x$ ao longo da linha e o valor $y$ (perpendicular) entre a linha e o ponto em questão.

Na Figura 4.3, ao medir-se a linha $AB$, para localização do ponto $P$, determina-se a distância $AP' = x$ e $P'P = y$, ortogonal à reta $AB$. A perpendicular $P'P$ sobre $AB$ é obtida a olho, sem qualquer aparelho e, por isso, sua precisão não é rigorosa. Por essa razão, tal sistema só deve ser usado no levantamento de detalhes muito próximos da linha, 5 a 10 m ou, no máximo, 20 m, o que já é muito. Para detalhes mais distantes, ou mesmo quando se quer maior exatidão, o segundo processo, o da triangulação, é bem mais adequado. A Figura 4.4 indica a amarração do ponto $Q$ à reta $CD$ por triangulação. Medem-se as distâncias $QE$ e $QF$; os pontos $E$ e $F$ são também conhecidos, isto é, conhecem-se as distâncias $CE$ e $CF$. Esse processo é bem mais exato, portanto ideal para amarração de pontos mais afastados da reta medida. Esses são os dois métodos básicos e que deverão ser usados de acordo com a conveniência.

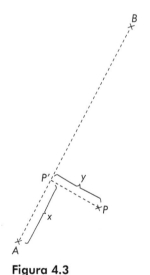

O primeiro processo pode ser empregado para levantamento de um detalhe (um muro, por exemplo) que acompanha a linha. Quando se deseja amarrar um ponto determinado, deve-se usar o triângulo.

**Figura 4.3**

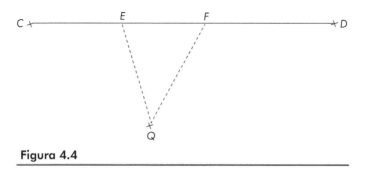

**Figura 4.4**

## ANOTAÇÃO NA CADERNETA DE CAMPO

Quando medimos uma linha, nela prendendo detalhes existentes em ambos os lados, existe um processo especial de anotação na caderneta de campo.

Para exemplificar, vê-se na Figura 4.5, em planta, a linha 3-4 que irá ser medida. Ela atravessa um passeio cimentado e tem à sua esquerda uma construção *ABB'*. Na Figura 4.6, tem-se a correspondente anotação na caderneta. A linha 3-4 aparece na caderneta como uma faixa; trata-se de um artifício para se poder escrever dentro dela. Representa-se a estaca como um triângulo e dentro dele o seu número correspondente. Dentro da faixa anota-se a distância ao longo da linha e sempre acumulada desde a estaca à ré (3). É por essa razão que o ponto *D*, que se encontra 2,40 m além dos 20 m, aparece anotado na faixa com 22,40 m; quando um detalhe atravessa a linha, como acontece na margem esquerda do mesmo, no ponto *D*, na anotação da caderneta a travessia aparece como uma linha perpendicular à faixa, pois não se deve esquecer que a sua largura não existe, ela é artificial, para que se possa anotar no seu interior. Outra regra é a que diz não haver necessidade de escala na anotação da caderneta, pois valem os valores numéricos anotados.

Analisando-se a planta (Figura 4.5) e a anotação da caderneta (Figura 4.6), vê-se que o caminho foi levantado por perpendiculares à linha tiradas a cada 20 m além dos pontos *C* e *D* onde as margens, direita e esquerda, cortaram a linha 3-4. A construção existente *ABB'A'* foi levantada pelos pontos *A* e *B*, amarrando-os por triangulação no começo da linha (0,00 m), nos 20 e nos 40 m. No final da faixa, vê-se um triângulo que representa a estaca 4 e o número 63,10 m, que é distância total da estaca 3 até à 4.

Levantamento de pequenas propriedades somente com medidas lineares 39

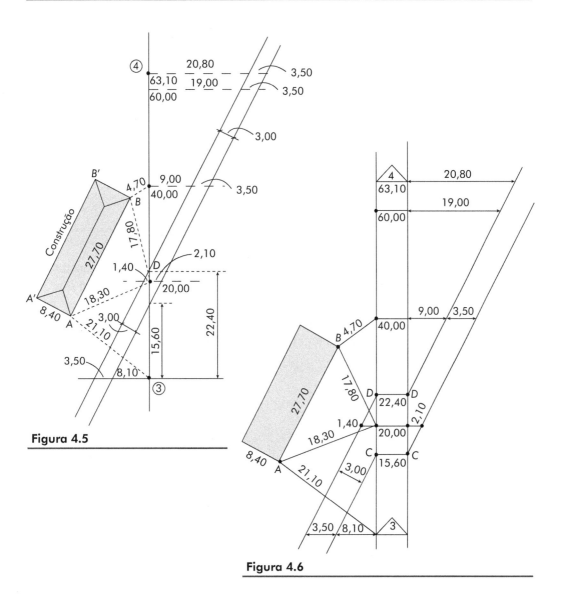

**Figura 4.5**

**Figura 4.6**

Quando se aplicar o processo do triângulo para a anotação de detalhes, será necessário lembrar que a base do triângulo deverá estar na linha tendo como vértice o ponto do detalhe; o inverso estará errado (Figura. 4.7); se se quiser amarrar a reta MN ao ponto A da linha 5-6, ver-se-á que medindo apenas

5-4 = 31,10,

A-M = 20,70,

A-N = 28,20,

M-N = 16,40,

o detalhe (construção) não ficará fixado porque poderá girar em torno de A.

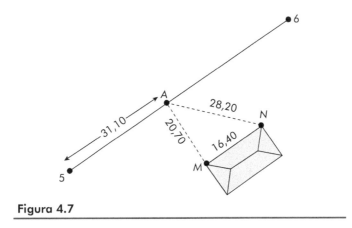

**Figura 4.7**

A solução do triângulo, por usar apenas medidas lineares, pode ser aplicada com sucesso em grande quantidade de pequenos problemas, aliás, muito comuns. Por exemplo, para medição de um pequeno lote urbano irregular, quando não se pode contar com um aparelho para obtenção de ângulos. Usando-se trena de aço, medem-se os quatro lados do trapézio e a diagonal $BD$ ou $AC$; a figura ficará determinada sem qualquer medida angular.

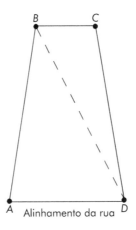

**Figura 4.8**

No caso do lote possuir muito fundo e pouca largura, a diagonal ficará quase coincidente com os lados e a precisão seria prejudicada; neste caso, deverá se proceder como na Figura 4.9: subdivide-se o trapézio total em dois menores, medindo-se $AE$, $EB$, $BC$, $CF$, $FD$, $AD$, $EF$ e as diagonais $DE$ e $CE$.

Finalizando o capítulo, aparece um exemplo de maior vulto, onde aparece inicialmente a planta detalhada de uma propriedade, que foi possível graças a medidas apenas lineares.

Levantamento de pequenas propriedades somente com medidas lineares 41

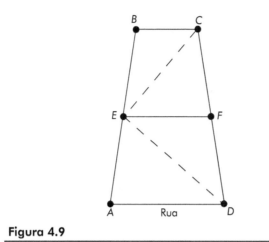

**Figura 4.9**

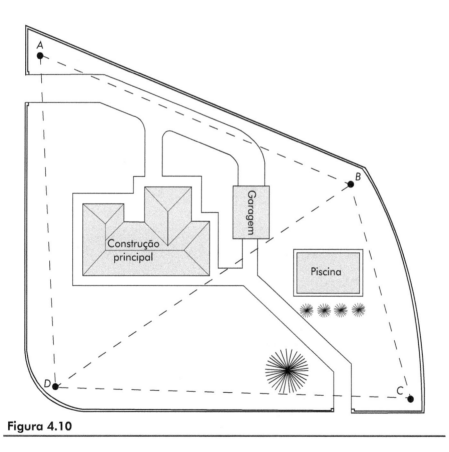

**Figura 4.10**

A Figura 4.11 corresponde às anotações de caderneta da linha *AB* da Figura 4.10. Caso o leitor se interessar, poderá, usando os dados e medidas da Figura 4.11, reconstruir a parte correspondente à Figura 4.10.

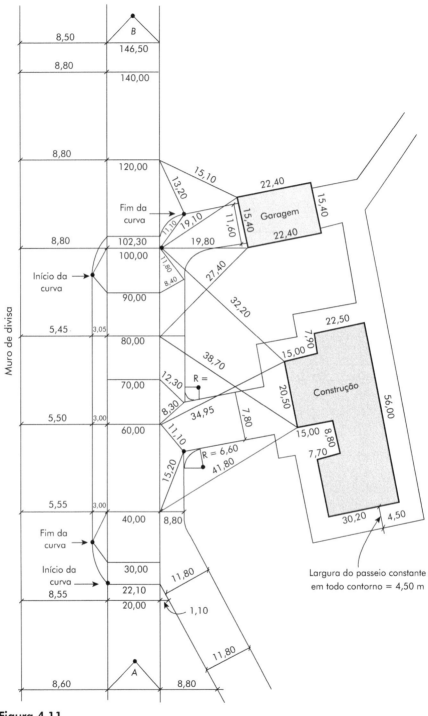

**Figura 4.11**

# 5
# Direções norte-sul magnética e norte-sul verdadeira

Em virtude da existência das duas direções N-S, verdadeira e magnética. surgem os conceitos de declinação magnética e sua variação anual, linhas isogônicas e isopóricas.

Sabe-se que uma agulha imantada tende sempre a indicar a mesma direção; para isso, basta que seja eliminado, tanto quanto possível, o atrito entre ela e o apoio sobre o qual está. Desde que a agulha possua na sua parte central uma haste fina e esta esteja apoiada num orifício esférico, o atrito será pequeno e o giro será livre (Figura 5.1); resta ainda a necessidade do equilíbrio perfeito da agulha, para que ela não se incline, aumentando o atrito. Uma das extremidades da agulha aponta para um ponto do globo terrestre chamado polo norte magnético; a outra extremidade aponta para o polo sul magnético. Esses polos não coincidem exatamente com os polos norte e sul verdadeiros. A Terra, na sua rotação diária, gira em torno de um eixo virtual; os pontos de encontro desse eixo com a superfície terrestre chamam-se polo norte e polo sul verdadeiros ou geográficos. Quando nos encontramos num certo ponto da terra, a direção que nos liga ao polo norte e ao polo sul chama-se direção norte-sul verdadeira ou geográfica; a direção dada pela agulha imantada chama-se norte-sul magnética. Como vimos, estas duas direções não coincidem, a não ser acidentalmente em certos pontos do globo, e o ângulo entre elas chama-se declinação magnética local.

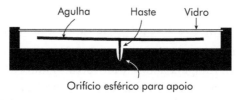

**Figura 5.1**

Repetindo, para se firmar bem a definição: a declinação magnética local é o ângulo que a direção norte-sul magnética faz com a norte-sul verdadeira naquele ponto. Para cada ponto do globo, haverá uma declinação magnética, já que ela varia com a posição em que se encontra o ponto. A Figura 5.2 representa a *esfera* terrestre, vista por um observador colocado no polo norte celeste (polo norte celeste é o ponto localizado no infinito, prolongando-se o eixo terrestre na direção norte). Na figura, vemos, no centro da circunferência, o polo norte verdadeiro (*PNV*) e, um pouco à esquerda, o polo norte magnético (*PNM*). Para o observador colocado em *A*, a declinação magnética será α; para *B* a declinação será β (menor do que α) e para *C* será nula porque *C* está no prolongamento do *PNM* e do *PNV*, ou seja, no mesmo meridiano. Para o ponto *D*, simétrico a *A* a declinação voltará a ser α, mas com uma diferença, enquanto em *A* o *PNM* está a leste do *PNV*, para *D* dá-se o contrário, isto é, o *PNM* está a oeste do *PNV*; diz-se que em *A*, a declinação α é para leste, enquanto que em *D*, a declinação é para oeste.

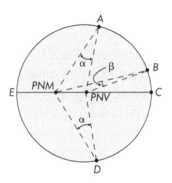

**Figura 5.2**

A declinação magnética não é constante para o mesmo local, pois sofre variações de diferentes causas e efeitos.

O polo norte magnético desloca-se em torno do polo norte verdadeiro (também chamado de polo norte geográfico) seguindo aproximadamente um circulo (o fenômeno ainda é desconhecido em vista de não se terem medidas precisas senão recentemente). Esses deslocamentos são aproximadamente constantes num certo tempo e são chamados de *variações seculares;* o valor destas variações num mesmo ano é diferente para os diversos pontos da Terra. Atualmente, no Brasil, a variação anual é de 7 min sexagesimais para oeste, na quase totalidade do seu território.

Quando se unem os pontos do globo que têm a mesma declinação magnética, formam-se as *linhas isogônicas*. Essas linhas caminham aproximadamente na direção norte-sul, porém não exatamente; por esta razão, a declinação magnética se modifica, principalmente em função da longitude local. Como o Brasil é um país de grande extensão na direção leste-oeste (cerca de 35 °W em Natal e de 74 °W no Acre), as declinações são bem diferentes. Em 1955, em Natal, Rio Grande do Norte, a declinação era de 21° para oeste; a declinação decrescia à medida que se caminhava para oeste, chegando a zero próximo a Rio Branco, capital do Estado do Acre; a seguir, a declinação passava a ser para leste, alcançando 4° para leste, no extremo oeste do Estado do Acre. Na época atual, a linha de declinação zero, chamada *linha agônica*, atravessa nosso país.

Existem outras variações que afetam a declinação; todas elas, porém, de valor numérico muito mais reduzido.

As *variações diurnas* só são levadas em conta em trabalhos de grande precisão. Há declinações magnéticas diferentes para diferentes horas do dia. Essas diferenças são muito reduzidas sendo que as maiores atingem cerca de 3', mas, na maior parte dos casos, não alcançam um minuto.

Grandes massas minerais locais no subsolo podem ter ação magnética sobre as agulhas imantadas, provocando *variações locais*. São as grandes jazidas de rochas magnéticas que produzem perturbações na agulha.

Nossa atmosfera é atingida, às vezes, por tempestades magnéticas, com origem ora no nosso próprio planeta, ora provocada pelas manchas solares ou de origem extraterrestre. Essas tempestades produzem *variações acidentais* na declinação, mas são geralmente de curta duração.

As linhas isogônicas de uma certa região, quando estão representadas sobre uma carta, constituem o *mapa isogônico*. Nos mapas onde são representadas as linhas isogônicas, são em geral também representadas as linhas isopóricas formadas pela ligação dos pontos de mesma variação da declinação magnética.

No Brasil imprimem-se os Anuários do Observatório Nacional e neles habitualmente existe o mapa de linhas isogônicas do nosso país.

No capítulo seguinte, após a explicação do que sejam rumos e azimutes, pretende-se resolver alguns problemas onde se aplicam as declinações magnéticas e suas variações anuais – são os problemas chamados de *reaviventação de rumos e azimutes*.

# 6

# Rumos e azimutes

Serão assuntos abordados neste capitulo: definições, exemplos e conversões de rumos em azimutes e vice-versa, a transformação de rumos e azimutes magnéticos em verdadeiros e os problemas de alteração de datas dos rumos e azimutes magnéticos, chamados problemas de reaviventação.

## RUMOS

Rumo de uma linha é o ângulo horizontal entre a direção norte-sul e a linha, medido a partir do norte ou do sul na direção da linha, porém, não ultrapassando 90° ou 100 grd (Figura 6.1).

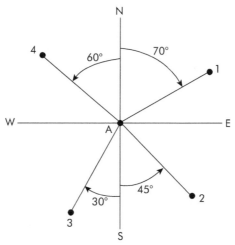

**Figura 6.1**

Diz-se que os rumos das linhas:

$$A\text{-}1 = N\,70°\,E,$$
$$A\text{-}2 = S\,45°\,E,$$
$$A\text{-}3 = S\,30°\,W,$$
$$A\text{-}4 = N\,60°\,W.$$

Será errado dizer que o rumo de *CD* (Figura 6.2) é N 110° E. O certo é S 70° E, pois, quando o número atinge os 90°, passa a decrescer alterando as suas letras, isto é, em lugar de medi-lo a partir do norte, passa-se a fazê-lo a partir do sul.

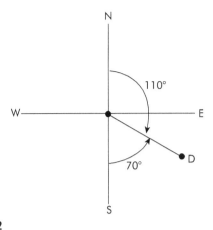

**Figura 6.2**

## AZIMUTES

Azimute de uma linha é o ângulo que essa linha faz com a direção norte-sul, medido a partir do norte ou do sul, para a direita ou para a esquerda, e variando de 0° a 360° ou 400 grd (Figura 6.3).

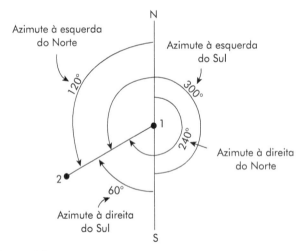

**Figura 6.3**

Chama-se sentido à direita aquele que gira como os ponteiros do relógio e sentido à esquerda, o contrário. Observando a Figura 6.3, a linha 1-2 tem:
   a) azimute, à direita do norte = 240°;
   b) azimute, à esquerda do norte = 120°;
   c) azimute, à direita do sul = 60°;
   d) azimute, à esquerda do sul = 300°.

No hemisfério sul, e portanto no Brasil, usa-se sempre medir o azimute a partir do norte, sendo ainda mais comum no sentido horário, ou seja, à direita. No hemisfério norte, em alguns países, usa-se medi-los a partir do sul. Como são muito raras as ocasiões em que usaremos outro tipo de azimute, quando não for expressamente afirmado o contrário, *azimute* será sempre *à direita do norte*.

Quanto à aplicação de graus ou grados, depende do aparelho utilizado para medir os rumos ou os azimutes. Quando a graduação do aparelho é em grados, a leitura é sempre nesta unidade, havendo posteriormente a alternativa de transformá-los ou não em graus, dependendo ainda das tabelas a serem empregadas. O uso do grado é bem mais simples que o do grau, porém há certa dificuldade em se mudar um hábito. Esta é a única razão porque se emprega o grau, apesar de sua maior complexidade.

É interessante notar que, estamos habituados a criticar os povos que ainda empregam unidades complexas como a polegada, o pé, a jarda etc., esquecendo-nos de que aqui ainda se usa o grau, que também apresenta a mesma complexidade.

Exercícios de transformação de rumos em azimutes à direita do norte (Tabela 6.1).

**Tabela 6.1**

| Linha | Rumo | Azimute à direita |
|---|---|---|
| 1-2 | N 42° 15' W | 317° 45' |
| 2-3 | S 0° 15' W | 180° 15' |
| 3-4 | S 89° 40' E | 90° 20' |
| 4-5 | S 10° 15' E | 169° 45' |
| 5-6 | N 89° 40' E | 89° 40' |
| 6-7 | N 0° 10' E | 0° 10' |
| 7-8 | N 12° 00' W | 348° 00' |

Exercícios de transformação de rumos em azimutes à esquerda do norte (Tabela 6.2).

**Tabela 6.2**

| Linha | Rumo | Azimute à esquerda |
|---|---|---|
| 1-2 | S 15° 05' W | 164° 55' |
| 2-3 | N 0° 50' W | 0° 50' |
| 3-4 | N 89° 50' W | 89° 50' |
| 4-5 | S 12° 35' E | 192° 35' |
| 5-6 | S 7° 50' E | 187° 50' |
| 6-7 | N 89° 00' E | 271° 00' |
| 7-8 | N 0° 10' E | 359° 50' |

## Sentidos a vante e à ré na medida dos rumos e azimutes

O sentido a vante numa linha é aquele que obedece ao sentido em que se está percorrendo o caminhamento e o sentido à ré, o contrário a este sentido; assim, quando se está medindo uma sucessão de linhas cujas estacas estão numeradas como 1, 2, 3, 4, 5, 6 etc., o sentido a vante da linha que liga o ponto 2 ao ponto 3 é de 2 para 3, e o sentido à ré, o de 3 para 2.

O rumo à ré de uma linha deve ser numericamente igual ao rumo a vante, porém com as letras trocadas. Se o rumo vante 3-4 é N 32° E, o ré, isto é, 4-3, será S 32° W

(Figura 6.4). Vemos que sendo as linhas N, S em 3 e 4 paralelas, os ângulos de 3-4 com elas são iguais: 32°. As letras no entanto passam de N-E para S-W. Os azimutes vante e ré da mesma linha guardam entre si uma diferença de 180° ou 200 grados. Se o azimute vante de AB é 110°, o ré será 290°; se o vante de CD for 320°, o ré será 320-180 = 140° (Figura 6.5). O ângulo NBA é o suplemento de 110°, portanto 70°; o azimute à direita de BA é o replemento de 70°:

$$360 - 70 = 290°, \text{ ou seja, } 110° + 180° = 290°.$$

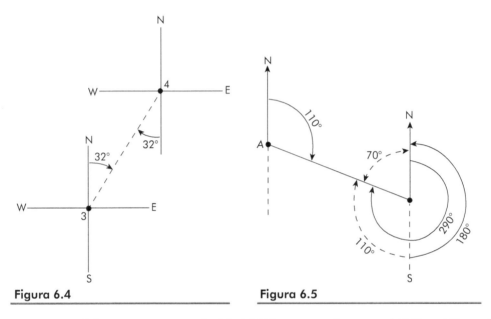

**Figura 6.4**  **Figura 6.5**

Na Figura 6.6 o azimute vante de CD é 320°: o seu replemento é NCD = 40°; em D o ângulo CDS é também 40°; portanto, o azimute à direita de DC será o seu suplemento, NDC ou seja, 180 − 40° = 140°, ou ainda, 320 − 180 = 140°.

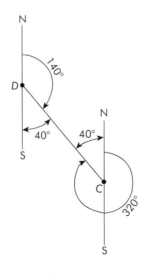

**Figura 6.6**

# Rumos e azimutes 51

**EXERCÍCIO 6.1** Dados os rumos vante das linhas da Tabela 6.3, encontrar os azimutes a vante e à ré, à direita.

Inicialmente, calcularam-se os azimutes a vante e a seguir os azimutes à ré. Aconselha-se aos principiantes a feitura de gráficos para cada linha para melhor compreensão.

Tabela 6.3

| Linha | Rumo a vante | Azimute a direita ||
|---|---|---|---|
|  |  | Vante | Ré |
| AB | N 31° 00' W | 329° 00' | 149° 00' |
| BC | S 12° 50' W | 192° 50' | 12° 50' |
| CD | S 0°15' E | 179° 45' | 359° 45' |
| DE | N 88° 50' E | 88° 50' | 268° 50' |
| EF | N 0° 10' E | 0° 10' | 180° 10' |

**EXERCÍCIO 6.2** O azimute à direita de *CD* é 189° 30' e o rumo de *ED* é S 8° 10' E. Calcular o ângulo *CDE*, medido com sentido à direita, isto é, no sentido horário (Figura 6.7).

*Valor procurado:* ângulo à direita $CDE = 360° - (8° 10' + 9° 30') = 342° 20'$.

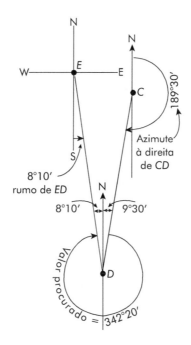

**Figura 6.7**

**EXERCÍCIO 6.3**  O rumo de 6-7 é S 88° 05′ W, o rumo de 7-8 é N 86° 55′ W. Calcular o ângulo à direita na estaca 7 (Figura 6.8).

*Valor procurado:* 360°−(88° 05′ + 86° 55′) = 185° 00′.

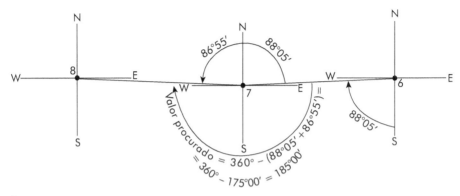

**Figura 6.8**

## Transformação de graus em grados e vice-versa

Apesar de excessivamente simples e elementar, a transformação de graus em grados e a operação inversa causam alguma confusão aos iniciantes. Por esta razão, o assunto será abordado rapidamente. Apesar das calculadoras fornecerem esta operação, sempre é bom praticar.

A circunferência é dividida em 360° e em 400 grd, por isso a relação é

$$\frac{360}{400} = \frac{9}{10}$$

Para se passarem graus para grados deve-se multiplicar o número de graus por 10/9, e para se passarem grados para graus, multiplicar o número de grados por 9/10.

**EXERCÍCIO 6.4**  Transformar 132° 32′ 15″ em grados.

$$\frac{15″}{60″} = 0,25,$$

portanto 132° 32′ 15″ = 132° 32′,25;

$$\frac{32′,25}{60′} = 0°,5375;$$

portanto 132° 32′,25 = 132°,5375,

$$\frac{132°,5375 \times 10 \text{ grd}}{9°} = 147,2639 \text{ grd}.$$

**EXERCÍCIO 6.5** Transformar 83,4224 grd em graus, minutos e segundos.

$$\frac{83{,}4224 \text{ grd} \times 9°}{10 \text{ grd}} = 75°{,}08016,$$

$$0{,}08016 \times 60' = 4{,}8096,$$

$$0{,}8096 \times 60'' = 48''{,}576,$$

$$83{,}4224 = 75°\ 04'\ 48''{,}576$$

**EXERCÍCIO 6.6** Converter 172° 12′ 36″ em grados.

Passando 36″ para minutos, temos

$$\frac{36''}{60''} = 0{,}6';$$

fica

$$172°\ 12'\ 36'' = 172\ 12'{,}6;$$

passando 12′,6 para fração de grau,

$$\frac{12'{,}6}{60'} = 0'{,}21,$$

$$172°\ 12'36'' = 172°\ 12'{,}6 = 172°{,}21;$$

e por fim passando 172°,21 para grados, temos

$$172{,}21 \times \frac{10}{9} = \frac{1722{,}1}{9} = \underline{191{,}3444}\text{ (dízima)}.$$

**EXERCÍCIO 6.7** Converter 212,2864 grd em graus.

$$212{,}2864 \times \frac{9}{10} = \underline{191°{,}05776}.$$

Passando 0°,05776 para minutos: 0°,05776 × 60 = 3′,4656; passando 0′,4656 para segundos: 0′,4656 × 60 = 27″,936; assim 212,2864 grd = 191°,05776 = 191° 03′,4656 = 191° 03′ 27″,936.

## Rumos e azimutes, magnéticos e verdadeiros

Até o momento, quando falamos em rumos ou azimutes não especificamos a sua referência, a partir do norte verdadeiro ou magnético. Quando o rumo é medido a partir da linha norte-sul verdadeira ou geográfica, o rumo é verdadeiro; quando é medido a partir da norte-sul magnética, o rumo é magnético; o mesmo se dá para os azimutes.

A diferença entre os dois rumos é a declinação magnética local (Figura 6.9). É muito importante respeitar o sentido dos ângulos: a declinação magnética é sempre medida na ponta *norte* e sempre do *norte verdadeiro* para o *magnético* e os rumos são medidos sempre da reta NS para a linha. Inverter qualquer sentido é *errado*! O rumo verdadeiro de $AB$ = N 45° E. A declinação magnética é de 10° para W. O rumo magnético é N 55° E.

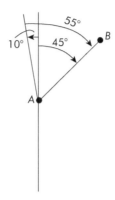

**Figura 6.9**

As agulhas imantadas colocadas nas bússolas fornecem os rumos ou os azimutes magnéticos; para transformá-los em verdadeiros, é necessário que se conheça a declinação magnética local e fazer a operação aritmética adequada.

A posição do norte verdadeiro pode ser conhecida, diretamente, por meio de observações aos astros (Sol e estrelas) e obterem-se, assim, os rumos e os azimutes verdadeiros. Estas possibilidades serão abordadas mais adiante.

Uma planta de uma determinada propriedade, executada anos atrás representa diversas linhas, especificando o seu rumo magnético. Quando se torna necessária a recolocação destas linhas no terreno, passados diversos anos, devem-se reajustar os rumos magnéticos para a época atual, já que se sabe que a declinação magnética varia anualmente. Estes problemas, relativamente comuns na prática, são chamados de *reaviventação de rumos e azimutes*.

A seguir, são propostos diversos destes problemas e a sua resolução.

**EXERCÍCIO 6.8** O rumo magnético de $AB$, medido em primeiro de janeiro de 1950, era de S 32° 30' W. Calcular o mesmo rumo em primeiro de julho de 1954.

Os anuários do Observatório Nacional acusam a variação anual da declinação magnética de 6 min para oeste.

A transformação da data de primeiro de janeiro de 1950 em valor decimal é 1949,0. Desde a contagem dos tempos depois de Cristo, passaram-se 1 949 anos inteiros. Não devemos esquecer que não tendo havido o ano zero, o primeiro ano só se completou no dia 31 de dezembro do ano I, portanto só se completaram 1949 anos em 31 de dezembro de 1949.

Temos pois:

primeiro de julho de 1954 = 1953,5
primeiro de janeiro de 1950 = 1949,0
intervalo de tempo = 4,5 anos,

a variação total de declinação magnética é 4,5 × 6' = 27' para W (Figura 6.10), o rumo magnético em 1953,5 é 32° 30' + 27' = S 32° 57' W.

*Resposta.* O rumo magnético de *AB*, em primeiro de julho de 1954, é S 32° 57' para W.

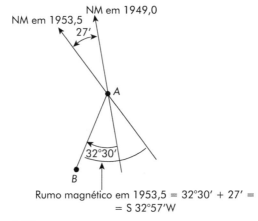

**Figura 6.10**

EXERCÍCIO 6.9 O rumo magnético de 1-2, em primeiro de abril de 1960. era N 72° 10' W. Calcular o rumo verdadeiro da linha. Pelos anuários, a declinação magnética em primeiro de janeiro de 1956 era 12° 12' para W, a variação anual da declinação magnética 7' para W: assim

primeiro de abril de 1960 = 1959,25
primeiro de janeiro de 1956 = 1955,00
intervalo de tempo = 4,25 anos,

a variação total da declinação magnética é 4,25 × 7' = 29,75 min para W; a declinação magnética em 1959,25 é 12° 12' + 29',75 = 12° 41',75 para W (Figura 6.11). Para solução do problema, procura-se obter ambos os valores na mesma data: o rumo magnético e a declinação magnética.

*Resposta.* O rumo verdadeiro de 1-2 é N 84° 51',75 para W.

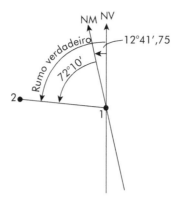

**Figura 6.11**

**EXERCÍCIO 6.10** Deseja-se representar a linha $CD$ numa planta elaborada em primeiro de outubro de 1944. Sabe-se que o rumo verdadeiro da linha é S 86° 50′ W. Na planta, a direção marcada é a do norte magnético na data de sua confecção pelos anuários: a declinação magnética em primeiro de janeiro de 1951 é de 8° 14′ W e a variação anual da declinação magnética é 5′ W;

| | | |
|---|---|---|
| primeiro de janeiro de 1951 | = | 1950,00 |
| primeiro de outubro de 1944 | = | 1943,75 |
| intervalo de tempo | = | 6,25 anos, |

a variação total em 6,25 anos é 6,25 × 5′ = 31′,25; esta variação se fosse contada de 1943,75 para 1950,00 seria 31,25 para W; porém se contarmos em sentido contrário, isto é, de 1950,0 para 1943.75 será 31,25 para E.

A declinação em 1943,75 é 8° 14 − 31′,25 = $T$ 42′,75 para W, portanto o rumo magnético de $CD$, em 1943,75 é 86° 50′ + $T$ 42,75 = S 94° 32′,75 W. Passando para o quadrante NW = N 85° 27′,25 W (Figs. 6.12 e 6.13).

*Resposta.* O rumo magnético de $CD$, em 1943,75, é N 85° 27′,25 para W e poderá ser representado na planta.

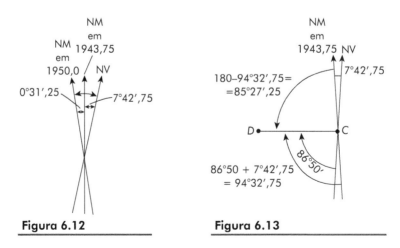

**Figura 6.12**  **Figura 6.13**

# 7
# Bússolas

São assuntos deste capítulo: bússolas de círculo fixo e de círculo móvel. O desvio da agulha imantada provocado por atrações diversas leva à necessidade dos problemas de correção de rumos e azimutes.

As bússolas são aparelhos destinados à medida de rumos ou azimutes, com precisão relativamente pequena. Normalmente a menor fração que se pode avaliar, nas suas leituras, é cerca de 10 a 15 min.

Compõem-se, basicamente, de um círculo graduado em cujo centro se apoia a agulha imantada. A graduação nas bússolas destinadas à leitura de rumos é subdividida em quadrantes, isto é, a numeração inicia no norte com zero, crescendo para a direita e para a esquerda até 90°, passando a decrescer até zero ao chegar ao sul (Figura 7.1). Nas bússolas destinadas à leitura de azimutes, a graduação é contínua, isto é, vai de zero no norte até 360° no mesmo ponto (Figura 7.2).

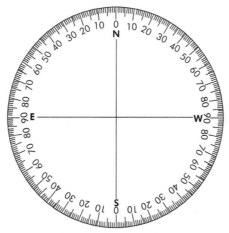

**Figura 7.1** Graduação do círculo em bússolas destinadas à leitura dos rumos.

No centro do círculo graduado, apoia-se uma agulha imantada cujo comprimento é sensivelmente igual ao diâmetro do círculo, para que suas pontas se superponham à graduação, permitindo assim a leitura. As extremidades da agulha devem ser suficientemente finas para permitir leituras mais precisas.

**Figura 7.2** Graduação do círculo nas bússolas para azimutes à esquerda.

O apoio da agulha deve ser de forma a diminuir, ao mínimo, o atrito, aumentando a sensibilidade do aparelho (Figura 7.3). A agulha deve estar perfeitamente equilibrada para se manter horizontal apenas com o apoio central. Conforme a latitude em que for usada, as atrações que sofrem a ponta norte e a ponta sul serão diferentes; por isso, para se equilibrar a agulha há necessidade de se empregar um contrapeso. No hemisfério sul, o contrapeso deve ser colocado na ponta sul, porque a tendência é haver um desequilíbrio caindo para a ponta norte. No hemisfério norte, as agulhas equilibradas tendem a cair para o sul, portanto os contrapesos aparecem na ponta norte. São ainda desconhecidas as causas deste fenômeno. Para a Topografia, só interessa saber que ele é real.

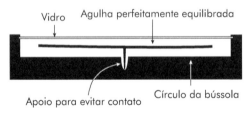

**Figura 7.3**

Para que se possa fazer a visada numa determinada direção, existem as *pínulas* presas ao círculo horizontal. São chamadas de pínulas duas peças que formam um conjunto composto de uma fresta onde se encosta a vista e de um retículo por meio do qual se orienta a linha de vista para determinado ponto (Figura 7.4). A Figura 7.5 mostra que as pínulas estão adaptadas ao círculo da bússola, de modo a fazer com que giremos o conjunto todo quando queremos visar para uma determinada direção. O conjunto do círculo e das pínulas está ligado a um tripé que ficará sobre o solo. A ligação é feita através de uma haste vertical que permite dois tipos de movimentos, o de rotação e o de nivelamento; assim, o círculo pode ser colocado horizontalmente com o movimento de nivelamento. e a visada pode ser orientada numa direção pelo movimento de rotação. Sabe-se que o círculo estará horizontal quando existir nele um conjunto de dois tubos de bolha ou uma bolha circular. Quando existirem dois tubos de bolha, eles estarão colocados a 90° um do outro; quando os dois estiverem com as bolhas centradas, o plano estará horizontal. Quando se empregar a bolha circular, uma peça só será suficiente, porque a sua centragem já determina o plano horizontal. Tratar-se-á especialmente da descrição das bolhas em capítulo apropriado.

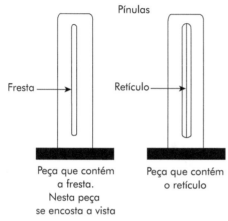

**Figura 7.4**

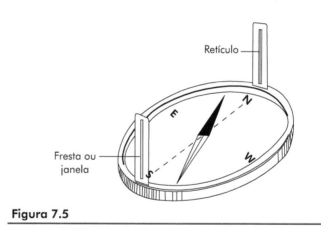

**Figura 7.5**

## Inversão das letras E e W

Quem observa a Figura 7.1, imagina que houve engano na troca das letras E e W. A troca é proposital e necessária. Por quê? Basta lembrar que o sentido em que o rumo deve ser medido é do norte ou do sul para a linha. Como as pínulas é que visam para a linha, levando para lá a origem da graduação (zero) e a agulha, que fica na direção NS, é que indica a leitura, há, portanto, uma inversão. O rumo é lido da linha para o norte ou para o sul; para compensar essa inversão, as letras são trocadas.

Na Figura 7.6 vemos que levando a direção das pínulas (janela e retículo) para a reta *AB*, também carregamos a graduação *zero*, enquanto que a agulha, naturalmente apontando o *norte*, indica a leitura 50. Vê-se que o rumo passou a ser medido da linha para o norte, o que é uma inversão; trocando-se as letras E e W compensa-se esta inversão, e podemos ler diretamente as letras NE já que a agulha está entre elas.

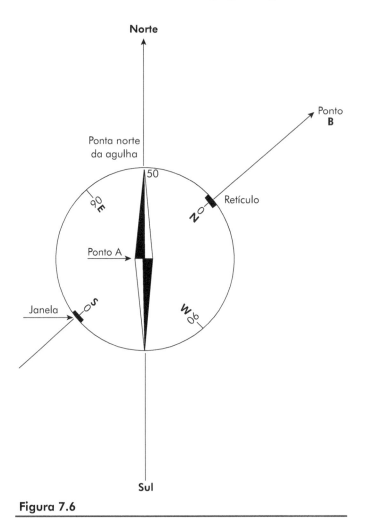

**Figura 7.6**

# 8
# Correção de rumos e azimutes

Quando obtemos os rumos ou os azimutes por intermédio das bússolas, os valores podem vir alterados por efeito de atrações locais, que deslocando a posição da agulha imantada produzem erro nas leituras. As atrações locais podem ser ocasionadas por motivos diversos, seja por grandes massas de ferro, seja por correntes elétricas nas proximidades. As massas de ferro podem ser representadas, no campo, por jazidas de minérios que exerçam atração sobre a agulha imantada.

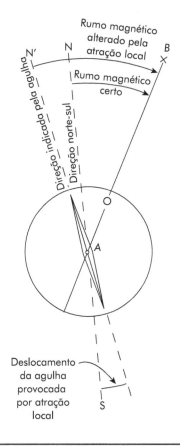

**Figura 8.1**

A Figura 8.1 mostra a consequência da atração, deslocando a agulha e alterando o rumo magnético. O rumo magnético da linha $AB$ deveria ser representado pelo ângulo *NAB*, passará a ser *N'AB*. portanto, alterando o valor N'AN que é o deslocamento da agulha. Sendo esse deslocamento de efeito local, é lógico imaginar-se que todos os outros rumos lidos, naquela mesma estaca e no mesmo momento, sofrem iguais diferenças. Na Figura 8.2, imagina-se um exemplo.

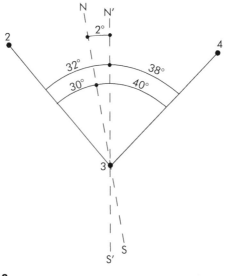

**Figura 8.2**

O aparelho estacionado na estaca 3 irá ler o rumo ré 3-2 e o vante 3-4. A linha *NS* é a direção norte-sul magnética e a linha *N'S'* a mesma direção alterada de 2° em virtude de atração local no ponto 3. O rumo 3-2, que deveria ser N 30° W, será obtido com o erro de 2° a mais, N 32° W; da mesma forma, o rumo vante 3-4 que deveria ser N 40° E, será lido N 38° E.

Vemos neste exemplo que, quando os rumos medidos na estaca têm sentidos opostos e o erro é para mais num sentido, será para menos no sentido oposto. O rumo HW, anti-horário ou à esquerda, tem o erro de 2° adicionado, enquanto que o rumo HE, sendo horário ou à direita, tem o mesmo erro subtraído.

Para os azimutes, o erro é sempre no mesmo sentido, ou seja, quando somado para um será somado para o outro também, e quando subtraído no azimute à ré, também o será no azimute a vante (Figura 8.3), porque os azimutes têm sempre o mesmo sentido. Vê-se na Figura 8.3 que o azimute à ré (8-7) que deveria ser de 310°, em virtude do deslocamento da linha NS para *N'S'* (erro de 2°), passa para 308°. Também o vante (8-9) passa de 60° para 58° (também 2° a menos).

Quando se medem sucessivamente os rumos ou os azimutes de diversas linhas, pertencentes a um polígono, pode-se estabelecer, por cálculo, uma só posição para a linha NS em todas as estacas. Um exemplo facilitará a explicação. Na Tabela 8.1, aparecem os rumos lidos a vante e à ré, em diversas estacas de um polígono.

Tabela 8.1

| Estaca | Rumo lido | |
|---|---|---|
| | a vante | à ré |
| 1 | N 50° 30' E | S 50° 00' W |
| 2 | N 82° 10' E | S 83° 00' W |
| 3 | S 35° 00' E | N 34° 30' W |
| 4 | S 1° 50' W | N 1° 20' E |
| 5 | S 73° 40' W | |
| 6 | | |

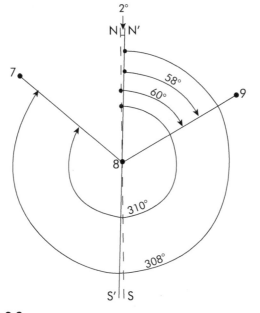

**Figura 8.3**

A colocação dos valores na tabela obedece às seguintes explicações:

a) o rumo N 50° 30' E é o vante da linha 1-2, portanto o aparelho estava estacionado na estaca 1 visando para a baliza colocada em 2;

b) o rumo S 50° 00' W é o ré da mesma linha, portanto o aparelho estava em 2 visando para a baliza em 1;

c) o rumo N 82° 10' E é o vante da linha 2-3, portanto o aparelho contínua na estaca 2, porém agora visando para a baliza 3;

d) portanto, em cada estaca são lidos sempre dois rumos, um à ré e uma vante, ligados na tabela por setas que indicam os rumos que, sendo lidos na mesma estaca devem, então, ter sofrido a mesma atração.

A Tabela 8.2 já tem os rumos corrigidos. Supõe-se o rumo vante de 1-2 seja N 50° 30' E como correto e adota-se-o como corrigido. O rumo ré S 50° 00' W para corresponder ao vante N 50° 30' E deve ser aumentado 30', por isso, o rumo vante de 2-3 também deverá ser alterado de 30', sendo necessário, porém, verificar se a correção de 30' será para mais ou para menos. As letras do rumo 2-3 são NE, portanto estão no mesmo sentido do rumo 2-1 (SW), sendo então a correção também no mesmo sentido. Uma vez que foi necessário acrescentar 30' no ré, da mesma forma se acrescenta 30' no vante, passando de N 82° 10' E para N 82° 40' E.

Tabela 8.2

| Estaca | Rumo lido      |             | Rumo corrigido |
|--------|----------------|-------------|----------------|
|        | a vante        | à ré        |                |
| 1      | N 50° 30' E    | S 50° 00' W | **N 50° 30' E** |
| 2      | N 82°10' E     | S 83° 00' W | **N 82° 40' E** |
| 3      | S 35° 00 'E    | N 34° 30' W | **S 35° 20' E** |
| 4      | S 1° 50' W     | N 1° 20' E  | **S 1° 00' W**  |
| 5      | S 73° 40' W    |             | **S 73° 20' W** |
| 6      |                |             |                |

Repetindo o raciocínio, ao rumo ré de 3-2 (S 83° 00' W) deverão ser diminuídos 20' para corresponder ao vante corrigido (N 82° 40' E). No vante de 3-4, já que o sentido é oposto (SE é oposto a SW) os 20' serão acrescentados, passando o rumo de S 35° 00' E para S 35° 20' E. Continuando sempre no mesmo processo, ao rumo ré de 4-3 deverão ser acrescidos 50' para passar de N 34° 30' W para N 35° 20' W, e assim corresponder ao vante corrigido S 35° 20' E. No vante da estaca 4 (de 4-5) os 50' deverão ser subtraídos porque o sentido é oposto (SW é oposto a NW) (Figura 8.4). Vimos que NE e SW têm sentidos iguais e opostos a NW e SE, portanto o rumo passará de S 1° 50' W para S 1° 00' W.

**Figura 8.4**

Ao rumo ré de 5-4 para combinar com o vante corrigido, deverão ser subtraídos 20', passando de N 1° 20' E para N 1° 00' E, portanto ao vante de 5-6 também deverão ser subtraídos 20', já que o sentido é o mesmo (NE e SW tem o mesmo sentido), passando de S 73° 40' W para S 73° 20' W.

A Tabela 8.3 constitui um outro exemplo, porém agora sem comentários, sabendo-se apenas que o valor adotado como rumo corrigido inicial é o da linha *AB*. Propositadamente não se faz comentários para que os leitores possam praticar, resolvendo o exercício.

Tabela 8.3

| linha | Rumo lido a vante | Rumo lido à ré | Rumo corrigido |
|---|---|---|---|
| A-B | S 40° 20' E | N 40° 00' W | **S 40° 20' E** |
| B-C | N 81° 40' E | S 81° 20' W | **N 81° 20' E** |
| C-D | S 89° 50' E | S 89° 50' W | **S 89° 50' E** |
| D-E | S 0° 20' E | N 0° 40' E | **S 0° 00** |
| E-F | S 42° 00' W | N 44° 20' E | **S 41° 20' W** |
| F-G | S 84° 40' W | N 81° 00' E | **S 81° 40' W** |
| G-H | S 89° 30' W | S 89° 50' E | **N 89° 50' W** |
| H-I | N 70° 208 W | S 68° 00' E | **N 70° 20' W** |
| I-J | N 0° 40' E | S 0° 40' E | **N 1° 40' W** |
| J-K | N 18° 20' W | S 40° 00' E | **N 39° 20' W** |
| K-L | N 27° 00' E | S 27° 10' W | **N 27° 40' E** |
| L-M | N 89° 30' E | N 89° 00' W | **90° 00' E** |
| M-N | S 62° 00' E |  | **S 63° 00' E** |

*Observações.*

1. O valor S 0° 00' aparece sem a indicação E ou W por motivos claros: se o rumo é 0° ao sul, não poderá ser nem para leste nem para oeste.

2. O valor 90° 00' E aparece sem a letra N ou S também por motivo óbvio, pois se o rumo é 90° para leste, não pertence nem ao norte, nem ao sul.

3. Na linha *CD* há uma aparente incoerência entre as letras do rumo vante S 89° 50' E e o rumo ré S 89° 50' W, porém o que realmente acontece é que sendo o rumo vante de quase 90°, bastará uma pequena correção para mais e ele, excedendo aos 90°, passará para o quadrante NE. A diferença entre o ré e o vante corrigido será de apenas 20', pois S 89° 50' W + 20' = S 90° 10' W, ou seja, N 89° 50' W (Figura 8.5).

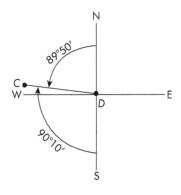

**Figura 8.5**

*Correção de azimutes:* exemplificação na Tabela 8.4.

Tabela 8.4

| Linha | Azimute à direita | |
|---|---|---|
| | a vante | à ré |
| 1-2 | 322° 00' | 142° 30' |
| 2-3 | 307° 50' | 126° 00' |
| 3-4 | 180° 20' | 1° 20' |
| 4-5 | 104° 00' | 285° 00' |
| 5-6 | 42° 20' | 221° 40' |
| 6-7 | 118° 40' | 298° 40' |
| 7-8 | 178° 10' | |

A colocação dos valores na Tabela 8.4 obedece ao mesmo critério das anteriores para rumos:

a) o azimute vante de 1-2, 322° 00', foi obtido com o aparelho na estaca 1 e a baliza na 2;

b) os azimutes à ré de 2-1 e o vante de 2-3 foram obtidos com o aparelho na mesma estaca 2 e, portanto, devem conter os mesmos erros de atração local. As setas indicam os azimutes medidos na mesma estaca.

A Tabela 8.5 já aparece com os azimutes corrigidos. O primeiro azimute vante, 322° 00', foi adotado como corrigido. A esse azimute corresponde o ré (2-1): 322° 00' – 180° = 142° 00', portanto o ré, lido 142° 30', deverá ser diminuído de 30' e, então, também o vante 2-3 deverá ser diminuído de 30': 307° 50' – 30' = 307° 20'.

Tabela 8.5

| Linha | Azimute à direita | | Azimute corrigido |
|---|---|---|---|
| | a vante | à ré | |
| 1-2 | 322° 00' | 142° 30' | **322° 00'** |
| 2-3 | 307° 50' | 126° 00' | **307° 20'** |
| 3-4 | 180° 20' | 1° 20' | **181° 40'** |
| 4-5 | 104° 00' | 285° 00' | **104° 20'** |
| 5-6 | 42° 20' | 221° 40' | **41° 40'** |
| 6-7 | 118° 40' | 298° 40' | **118° 40'** |
| 7-8 | 178° 10' | | |

O ré de 307° 20' é 307° 20' – 180° = 127° 20'; portanto o ré, lido 126° 00', deverá ser aumentado de 1° 20' para haver coincidência; então o vante 3-4 também deverá ser acrescido do mesmo valor (1° 20'; ∴ 180° 20' + 1° 20' = 181° 40'.

O ré de 181° 40' é 1° 40'; portanto ao ré, lido de 4-3 (1° 20'), deverá ser somado 20'; por isso, o vante 4-5 passará de 104° 00' para 104° 20'.

O ré do valor 104° 20′ é 104° 20′ + 180° = 284° 20′, por essa razão, o ré, lido 285° 00′, está maior 40′, que deverão ser subtraídos; também ao vante de 5-6 haverá a subtração de 40′: 42° 20′ − 40′ = 41° 40′.

Já que o ré de 41° 40′ é 41° 40′ + 180° = 221° 40′ e o ré lido têm idêntico valor, não haverá correção e também o vante 6-7 não será corrigido: 118° 40′.

Finalmente, o ré de 118° 40′ é 298° 40′, que, coincidindo com o lido, não provocará correção no vante de 7-8: 178° 10′.

## CORREÇÃO DE RUMOS OU AZIMUTES EM POLIGONAIS FECHADAS

Quando as linhas de uma poligonal fizerem um circuito fechado, surgirá uma particularidade na correção de seus rumos. Será mais fácil analisarmos num exemplo. Dez estacas, numeradas de 1 a 10, formam um polígono fechado com os rumos vantes e à ré registrados na Tabela 8.6.

Tabela 8.6

| Linha | Rumo lido ||
|---|---|---|
| | a vante | à ré |
| 1-2 | N 8° 10′ W | S 7° 20′ E |
| 2-3 | N 80° 20′ W | S 80° 00′ E |
| 3-4 | S 72° 00′ W | N 71° 30′ E |
| 4-5 | S 79° 30′ W | N 79° 30′ E |
| 5-6 | S 7° 50′ E | N 8° 30′ W |
| 6-7 | S 15° 00′ W | N 15° 30′ E |
| 7-8 | S 69° 30′ E | N 69° 40′ W |
| 8-9 | N 81° 00′ E | S 81° 40′ W |
| 9-10 | N 0° 10′ E | S 0° 10′ E |
| 10-1 | N 10° 00′ E | S 10° 10′ W |

Deve-se escolher uma das linhas como rumo inicial corrigido, sendo o mais natural escolher aquela que tiver menor diferença entre o rumo vante e o rumo ré. Por um exame da tabela, verificamos que a linha 4-5 apresenta rumos perfeitamente concordantes: vante S 79° 30′ W e ré N 79° 30′ E; deve-se, portanto, de preferência, partir desta linha. Na Tabela 8.7 têm-se os rumos corrigidos pelo processo já conhecido.

Supondo que fôssemos recorrigir o rumo 4-5 no fechamento, usando-se o mesmo processo das linhas anteriores:

a) para se corrigir o rumo ré de 3-4 devem-se diminuir 50′;
b) corrigindo os mesmos 50′ no vante de 4-5, devem-se, também, diminuir 50′ resultando 79° 30′ − 50′ = S 78° 40′ W.

Comparando-se o rumo de 4-5 inicial S 79° 30′ W com o final da mesma linha S 78° 40′ W nota-se a diferença de 50′ que constitui o erro angular de fechamento do polígono.

Tabela 8.7

| Linha | Rumo lido a vante | Rumo lido à ré | Rumo corrigido |
|---|---|---|---|
| 4-5 | S 79° 30' W | N 79° 30' E | **S 79° 30 'W** |
| 5-6 | S 7° 50' E | N 8° 30' W | **S 7° 50' E** |
| 6-7 | S 15° 00' W | N 15° 30' E | **S 15° 40' W** |
| 7-8 | S 69° 30' E | N 69° 40' W | **S 69° 20' E** |
| 8-9 | N 81° 00' E | S 81°40' W | **N 81° 20' E** |
| 9-10 | N 0° 10' E | S 0° 10' E | **N 0° 10' W** |
| 10-1 | N 10° 00' E | S 10° 10' W | **N 10° 00' E** |
| 1-2 | N 8° 10' W | S 7° 20' E | **N 8° 20' W** |
| 2-3 | N 80° 20' W | S 80° 00' E | **N 81° 20' W** |
| 3-4 | S 72° 00' W | N 71° 30' E | **S 70° 40' W** |

De onde surge esse erro? Quando se coloca o aparelho numa determinada estaca, diga-se estaca 5, medem-se dois rumos: o ré, de 5 para 4 = N 79° 30' E e o vante, de 5 para 6 = S 7° 50' E; esses rumos formam entre si um ângulo que poderá ser facilmente calculado (Figura 8.6).

Pelo mesmo processo, vamos agora calcular o ângulo na estaca 6, usando inicialmente os rumos lidos (Figura 8.7):

$$8° 30'$$
$$15° 00'$$
$$+ 180° 00'$$
$$203° 30' = \text{ângulo 5-6-7 (horário)}.$$

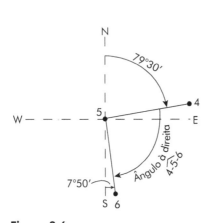

Figura 8.6

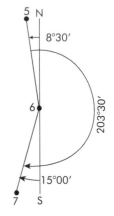

Figura 8.7

Quando usarmos os rumos corrigidos teremos SE 7° 50' no lugar de 8° 30', SW 15° 40' no lugar de 15° 00', portanto o ângulo é:

$$7° 50'$$
$$15° 40'$$
$$+ 180° 00'$$
$$203° 30' = \text{ângulo 5-6-7 (horário)}.$$

Tal fato mostra que, ao corrigirmos os rumos lidos, os ângulos resultantes ficam inalterados; portanto, quando corrigidos todos os rumos de um polígono fechado, inclusive recorrigindo o primeiro, encontramos diferença entre o rumo na partida e o mesmo na chegada, a diferença é o *erro de fechamento angular do perímetro*.

Devemos encontrar esse mesmo erro, se calcularmos todos os ângulos internos do polígono e os somarmos; a somatória deveria ser igual: Σ angs internos = (N-2) 180°, onde $N$ é o número de lados ou de vértices. A diferença entre a soma encontrada e o valor dado pela fórmula é também o *erro de fechamento angular do polígono*.

Vejamos no mesmo polígono. Para facilitar o cálculo dos ângulos internos do polígono (Tabela 8.8), faremos ura desenho aproximado, baseado nos rumos dos lados (claro que as distâncias foram assumidas arbitrariamente, porque, no momento, não nos interessam) (Figura 8.8).

Tabela 8.8

| Estaca | Ângulo interno |
|--------|----------------|
| 5 | 92° 40' |
| 6 | 203° 30' |
| 7 | 95° 00' |
| 8 | 150° 40' |
| 9 | 98° 30' |
| 10 | 190° 10' |
| 1 | 161° 40' |
| 2 | 107° 00' |
| 3 | 152° 00' |
| 4 | 188° 00' |
| SOMA | 1 436° 190' |
|  | 1 439° 10' |

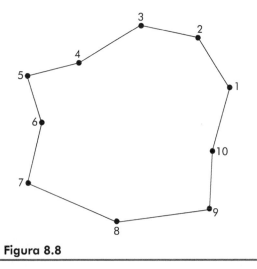

**Figura 8.8**

Σ ângulos internos: (N-2)180° = (10-2)180° = 1 440°. Erro de fechamento angular: 1 440° − 1 439° 10' = 0° 50'.

Cálculo dos ângulos internos (Figura 8.9):

| estaca 1 | estaca 2 | estaca 3 |
|---|---|---|
| 10° 10' | 179° 60' | 80° 00' |
| + 8° 10' | − 80° 20' | + 72° 00' |
| 18° 20' | 99° 40' | 152° 00' |
| + 179° 60' | + 7° 20' | |
| 161° 40' | 107° 00' | |

| estaca 4 | estaca 8 | estaca 9 | estaca 10 |
|---|---|---|---|
| 179° 60' | 69° 40' | 179° 60' | 0° 10' |
| − 71° 30' | + 81° 00' | − 81° 40' | 180° 00' |
| 108° 30' | 150° 40' | 98° 20' | + 10° 00' |
| + 79° 30' | | + 0° 10' | 190° 10' |
| 188° 00' | | 98° 30' | |

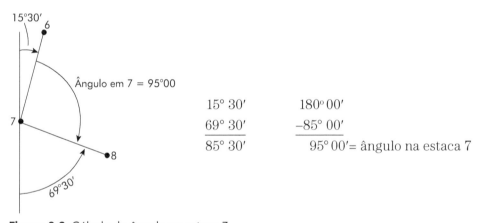

```
      15° 30'      180° 00'
      69° 30'      −85° 00'
      85° 30'       95° 00' = ângulo na estaca 7
```

**Figura 8.9** Cálculo do ângulo na estaca 7.

Como podemos ver, o erro de fechamento angular (0° 50') é igual ao encontrado nos rumos corrigidos.

Para firmar bem, faremos outro exemplo.

No polígono, cujos rumos estão na Tabela 8.9, iniciou-se a correção dos rumos pelo lado 6-7, que na partida se adotou como SW 62°, resultando na volta SW 63° 30'; portanto, o erro é de 1° 30', no sentido horário.

Correção de rumos e azimutes 71

Tabela 8.9

| Linha | Rumo lido a vante | Rumo lido à ré | Rumo corrigido | |
|---|---|---|---|---|
| 1-2 | N 15° 00' E | S 14° 00' W | **N 14° 00' E** | |
| 2-3 | N 37° 30' E | S 37° 00' W | **N 37° 30' E** | |
| 3-4 | N 72° 00' W | S 73° 30' E | **N 71° 30' W** | |
| 4-5 | S 33° 30' W | N 34° 30' E | **S 35° 30' W** | |
| 5-6 | N 11° 30' W | S 12° 00' E | **N 10° 30' W** | S 63° 30' W |
| 6-7 | S 62° 00' W | N 62° 00' E | **S 62° 00' W** | |
| 7-8 | S 45° 00' E | N 45° 30' W | **S 45° 00' E** | erro 1° 30' |
| 8-9 | S 13° 30' W | N 13° 00' E | **S 14° 00' W** | |
| 9-10 | N 81° 00' E | S 81° 00' W | **N 82° 00' E** | |
| 10-11 | S 8° 00' W | N 8° 30' E | **S 9° 00' W** | |
| 11-12 | S 78° 00' E | N 77° 00' W | **S 77° 30' E** | |
| 12-1 | N 13° 00' W | S 12° 30' E | **N 13° 30' W** | |

Calculando-se os ângulos internos pelos rumos vante e à ré lidos, a somatória resultou 1801° 30', quando deveríamos obter 1800°. O erro é de 1° 30' para mais (Tabela 8.10)

Tabela 8.10

| Estaca | Ângulo |
|---|---|
| 1 | 207° 30' |
| 2 | 203° 30' |
| 3 | 71° 00' |
| 4 | 107° 00' |
| 5 | 314° 00' |
| 6 | 74° 00' |
| 7 | 73° 00' |
| 8 | 239° 00' |
| 9 | 68° 00' |
| 10 | 287° 00' |
| 11 | 93° 30' |
| 12 | 64° 00' |
| Soma | 1800° 90' |

$$\begin{array}{r} 1\,801°\ 30' \\ \Sigma \text{ ângulos internos } (12-2)180° = -1\,800°\ 00' \\ \hline \text{erro angular} = \phantom{-1\,800°\ 0}1°\ 30' \end{array}$$

# LIMITE DE ERRO DE FECHAMENTO ANGULAR EM POLÍGONOS PERCORRIDOS COM BÚSSOLA

A bússola é um instrumento de baixa precisão; como tal, devemos evitar o seu uso era trabalhos de certa importância. Podemos dizer que não deveríamos percorrer um polígono com tal aparelho; no entanto, certas vezes, na falta de outro instrumento e sendo o levantamento de importância secundária, poderemos usá-la.

Considerando que a menor parcela de ângulo que se pode avaliar no círculo graduado da bússola seja 30 min, admitiremos como limite de erro de fechamento angular: $\sqrt{n} \times 30'$; assim, num polígono de 12 lados ($n = 12$) teremos

$$\sqrt{12} \times 30' \simeq 4 \times 30' = 120' = 2°;$$

portanto, o polígono do exemplo da Tabela 8.9 seria aceitável, porque houve um erro de 1° 30'.

## Distribuição do erro

O erro, desde que razoável, poderá ser distribuído diretamente nos rumos, obtendo-se assim os rumos definitivos. Essa distribuição poderá ser feita em parcelas iguais em cada linha, ou seja, 90': 12 = 7,5, em cada linha; porém, se tal for feito, resultará uma falsa ideia de precisão, pois o rumo de 2-3 ficará sendo N 37° 30' E – 7' 30" = N 37° 22' 30" E; o rumo corrigido resultará com fração de até 30 s, quando sabemos que a bússola só pode ler até 30 min.

Mais razoável será distribuir o erro em parcelas iguais à menor leitura; nesse caso, o erro de 90 min deverá ser distribuído em 3 linhas com 30 min em cada uma.

Tomando como exemplo o exercício anterior (Tabela 8.9), poderíamos escolher, sob qualquer critério, três linhas para receber a correção de 30 min em cada uma. Digamos as linhas 1-2, 3-4 e 11-12. A correção deverá ser feita de forma acumulativa, pois na verdade o que se deseja corrigir é o ângulo; ora, se desejamos corrigir o ângulo 3 de 30 min e se o lado 2-3 já foi modificado de 30 min, o lado vante 3-4 deverá ser modificado de 60 min para que haja correção de 30 min no ângulo.

Por outro lado, a correção deve ser em sentido oposto ao erro. Vimos, no exemplo, que o erro foi cometido no sentido horário, portanto a correção será feita no sentido anti-horário; por isso, nos rumos NE e SW a correção será diminuída no rumo, enquanto que nos rumos NW e SE será somada. Na Tabela 8.11 fazemos a correção dos rumos do polígono (Figura 8.10).

**Tabela 8.11**

| Linha | Rumo lido a vante | Rumo lido à ré | Rumo corrigido | Correção no sentido anti-horário | Rumo definitivo |
|---|---|---|---|---|---|
| 6-7 | S 62° 00' W | N 62° 00' E | S 62° 00' W | 0 | **S 62° 00' W** |
| 7-8 | S 45° 00' E | N 45° 30' W | S 45° 00' E | 0 | **S 45° 00' E** |
| 8-9 | S 13° 30' W | N 13° 00' E | S 14° 00' W | 0 | **S 14° 00' W** |
| 9-10 | N 81° 00' E | S 81° 00' W | N 82° 00' E | 0 | **N 82° 00' E** |
| 10-11 | S 8° 00' W | N 8° 30' E | S 9° 00' W | 0 | **S 9° 00' W** |
| 11-12 | S 78° 00' E | N 77° 00' W | S 77° 30' E | 30'( + ) | **S 78° 00' E** |
| 12-1 | N 13° 00' W | S 12° 30' E | N 13° 30' W | 30'( + ) | **N 14° 00' W** |
| 1-2 | N 15° 00' E | S 14° 00' W | N 14° 00' E | 60'( − ) | **N 13°00' E** |
| 2-3 | N 37° 30' E | S 37° 00' W | N 37° 30' E | 60'( − ) | **N 36° 30' E** |
| 3-4 | N 72° 00' W | S 73° 30' E | N 71° 30' W | 90'( + ) | **N 73° 00' W** |
| 4-5 | S 33° 30' W | N 34° 30' E | S 35° 30' W | 90'( − ) | **S 34° 00' W** |
| 5-6 | N 11° 30' W | S 12° 00' E | N 10° 30' W | 90'( + ) | **N 12° 00' W** |

Da maneira como foi distribuído o erro, houve correção de 30' nas linhas 11-12 (quando se passou de 0 a 30'), 1-2 (quando se passou de 30' para 60') e 3-4 (quando se passou de 60' para 90'). Para os que ainda não compreenderam, recalcularemos a seguir os ângulos internos em cada uma das estacas; só que agora, usando os rumos definitivos, veremos que foram realmente alterados (em 30' cada) os ângulos nas estacas 11, 1 e 3 (sempre em 30' para menos) (Tabela 8.12).

Vejamos mais um exemplo (Tabela 8.13), mas agora com a direção das linhas medidas em azimutes à direita.

Para recorrigir o azimute de 1-2, subtraímos 1° 20' de 329° 20' para combinar com o ré de 148° 00' (328° 00'); portanto, subtraímos também 1° 20' de 132° 00', dando o rumo de chegada de 1-2 : 130° 40'; portanto, com um erro de 1° 20' no sentido anti-horário. Corrigimos 1° 20' no sentido horário em 4 parcelas de 20' que foi a melhor avaliação lida na bússola. Supomos escolher as linhas 2-3, 3-4, 5-6 c 10-1. As correções, nos azimutes, foram feitas sempre para mais porque devemos corrigir no sentido horário e todos os azimutes são horários (à direita); portanto, as correções somam-se aos azimutes.

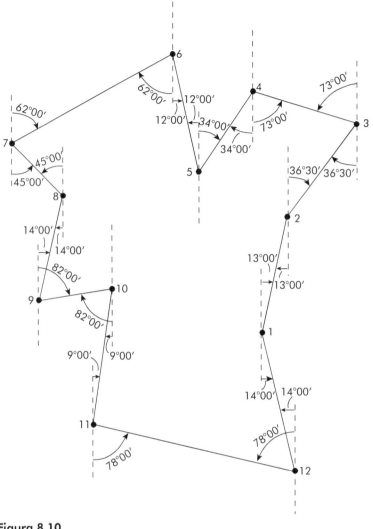

**Figura 8.10**

Podemos ver, portanto, que trabalhar com azimutes é menos complicado do que com rumos. Os azimutes quando são à direita, são sempre à direita, quando são à esquerda, são sempre à esquerda, enquanto que os rumos são ora à direita (NE e SW), ora à esquerda (SE, NW).

## Correção de rumos e azimutes

Tabela 8.12

| Estaca | Ângulo |
|---|---|
| 1 | 207° 00'* |
| 2 | 203° 30' |
| 3 | 70° 30'* |
| 4 | 107° 00' |
| 5 | 314° 00' |
| 6 | 74° 00' |
| 7 | 73° 00' |
| 8 | 239° 00' |
| 9 | 68° 00' |
| 10 | 287° 00' |
| 11 | 93° 00'* |
| 12 | 64° 00' |
| Soma | 1800° 00' |

*Ângulos corrigidos em –30'
[ver e comparar com a tabela de ângulos anterior (Tabela 8.10)].

| estaca 1 | estaca 2 | estaca 3 | estaca 4 |
|---|---|---|---|
| 13° 00' | 13° 00' | 73° 00' | 73° 00' |
| + 14° 00' | 167° 00' | + 36° 30' | + 34° 00' |
| 27° 00' | + 36° 30' | 109° 30' | 107° 00' |
| + 180° 00' | 203° 30' | 70° 30' | |
| 207° 00' | | | |

| estaca 5 | estaca 6 | estaca 7 | estaca 8 |
|---|---|---|---|
| 34° 00' | 12° 00' | 62° 00' | 45° 00' |
| + 12° 00' | + 62° 00' | + 45° 00' | + 14° 00' |
| 46° 00' | 74° 00' | 107° 00' | 59° 00' |
| 314° 00' | | 73° 00' | + 180° 00' |
| | | | 239° 00' |

| estaca 9 | estaca 10 | estaca 11 | estaca 12 |
|---|---|---|---|
| 82° 00' | 82° 00' | 78° 00' | 78° 00' |
| – 14° 00' | – 9° 00' | + 9° 00' | – 14° 00' |
| 68° 00' | 73° 00' | 87° 00' | 64° 00' |
| | 287° 00' | 93° 00' | |

Tabela 8.13

| Linha | Azimute lido (à direita) a vante | Azimute lido (à direita) à ré | Azimute corrigido | Distribuição do erro | Azimute definitivo |
|---|---|---|---|---|---|
| 1-2 | 132° 00' | 311° 40' | 132° 00' | 0 | 132° 00' |
| 2-3 | 47° 20' | 228° 00' | 47° 40' | 20'( + ) | 48° 00' |
| 3-4 | 89° 00' | 270° 20' | 88° 40' | 40'( + ) | 89° 20' |
| 4-5 | 353° 40' | 173° 20' | 352° 00' | 40'( + ) | 352° 40' |
| 5-6 | 307° 00' | 126° 00' | 305° 40' | 60'( + ) | 306° 40' |
| 6-7 | 202° 20' | 23° 00' | 202° 00' | 60'( + ) | 203° 00' |
| 7-8 | 265° 00' | 85° 00' | 264° 00' | 60'( + ) | 265° 00' |
| 8-9 | 213° 00' | 32° 20' | 212° 00' | 60'( + ) | 213° 00' |
| 9-10 | 175° 20' | 355° 00' | 175° 00' | 60'( + ) | 176° 00' |
| 10-1 | 148° 00' | 329° 20' | 148° 00' | 80'( + ) | 149° 20' |

# 9
# Levantamento utilizando poligonais como linhas básicas

Topograficamente chamamos poligonal a uma sequência de retas. É natural que haverá uma estaca no começo e outra no final de cada reta. Temos, assim, estacas ou vértices e lados (ou linhas). Para o levantamento da poligonal, devem ser medidos os ângulos que as linhas fazem entre si, nas estacas, e os comprimentos das linhas. A poligonal pode ser aberta, fechada ou amarrada.

Poligonal aberta (Figura 9.1) é aquela que além de não fechar, isto é, de não voltar ao ponto de partida, também não parte e nem chega em pontos já conhecidos (que tenham coordenadas já determinadas).

**Figura 9.1** Poligonal aberta: os pontos 1 e 9 somente estão ligados pela própria poligonal.

Poligonal fechada (Figura 9.2) é aquela que retorna ao ponto inicial, possibilitando verificação.

Poligonal amarrada (Figura 9.3) é a que parte e chega em pontos de coordenadas já conhecidas, possibilitando também verificação, tal como a poligonal fechada.

Em todas as medições efetuadas sempre existirão os erros, e portanto também nas poligonais, teremos, pois, os erros angulares ao serem medidos os ângulos, e os erros lineares ao serem medidos os comprimentos dos lados. Ambos produzirão, como consequência, as distorções da poligonal. A respeito das consequências dos erros angulares e lineares existem interessantes trabalhos que constituíram teses de concurso dos engenheiros agrónomos Antônio Petta e Reynaldo Godoi, da Escola Superior Agrícola Luiz de Queiroz (Piracicaba).

*Levantamento utilizando poligonais como linhas básicas* 77

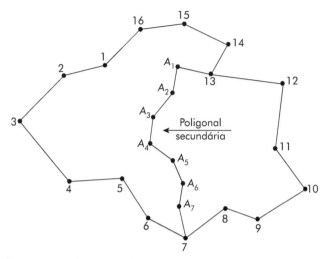

**Figura 9.2** Poligonal fechada: a estaca 1 é ao mesmo tempo o ponto inicial e final da poligonal.

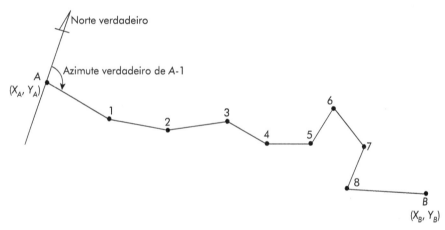

**Figura 9.3** Poligonal amarrada porque são conhecidas as coordenadas dos pontos $A(X_A$ e $Y_A)$ e $B(X_B$ e $Y_E)$ além do norte verdadeiro em qualquer estaca.

Nesses trabalhos, de início, foi montada, em escritório, uma poligonal fechada teórica, para que não houvesse erro; em seguida foram introduzidos erros nos comprimentos e nos ângulos, analisando-se a consequência nas deformações do polígono. Tais trabalhos levaram a conclusões que já eram esperadas, confirmando-as:

a) erros de fechamentos (linear e angular) menores não significam que o levantamento do polígono seja melhor do que outro levantamento com erros maiores; tal acontece porque pode ter havido somente maior compensação dos erros.

b) um levantamento com erros de fechamento acima dos limites permissíveis não deve ser aceito, porque está fatalmente com erros intoleráveis; porém, um outro levantamento com erros menores do que o limite de aceitação não nos dá a certeza da qualidade. Tal fato não devemos esquecer nunca para que não se exagere na confiança que possamos ter no trabalho; desta forma, sempre que possível devemos aplicar outros meios de verificação, tais como visadas diretas para estacas não consecutivas, desde que haja visibilidade, medindo ângulos ou até distâncias (modernamente com os distanciômetros eletrônicos).

Uma poligonal aberta menor confiança ainda deve merecer, pois neste caso os erros nunca ficarão identificados. De uma certa forma os erros angulares (erros de direção) podem ser conhecidos quando determinamos os rumos ou os azimutes verdadeiros dos primeiro e último lados com visadas aos astros, mas os erros lineares permanecerão desconhecidos.

A poligonal amarrada tem as mesmas possibilidades de verificação da poligonal fechada, desde que se parta da suposição de que as coordenadas dos pontos de saída e chegada estejam com erros mínimos.

Apesar dos inconvenientes apontados, o método de levantamento por poligonal é o mais empregado na Topografia atual. As razões que levam a tão grande emprego são:
1) a relativa rapidez com que se atingem grandes distâncias (exemplo: poligonais para a linha básica, em levantamentos para projeto de estradas);
2) a possibilidade de amarração de detalhes nos lados da poligonal (exemplo: poligonal principal para levantamento dos limites de uma propriedade e poligonais secundárias para levantamento de detalhes internos tais como córregos, caminhos etc.).

As poligonais, dentro de um mesmo trabalho, são classificadas em principal e secundárias.

Chamamos poligonal principal àquela que é fechada e que deve ser calculada e ajustada antes das demais; geralmente a poligonal principal acompanha, tão próximo quanto possível, os limites da propriedade.

As poligonais secundárias (Figura 9.1) são aquelas que iniciam e terminam em estacas da poligonal principal; o seu cálculo e seu ajuste só podem ser feitos após os da principal, pois as coordenadas das estacas 13 e 7 já devem estar determinadas.

Quando os comprimentos dos lados forem obtidos por distanciômetros eletrônicos (por economia de palavras podemos chamar de poligonal eletrônica), a precisão será substancialmente maior. Sabe-se que os teodolitos, já de longa data, vêm fornecendo acuidade para medidas angulares de até 1s, o que pode ser considerado como altamente satisfatório. O erro angular de um segundo produz um deslocamento de 1 cm à distância de 2 km, portanto um erro de 1:200 000; as medidas lineares com trena ou taqueômetros em trabalhos normais, porém, apresentam um erro médio de 1:1 000 ou 1:2 000. Vê-se que há completa discordância entre as duas medidas angulares e lineares.

Os distanciômetros eletrônicos trouxeram maior grau de precisão nas medidas lineares; dependendo do tipo, o erro médio poderá ser de 1:10000 ou de até 1:50 000.

Tal possibilidade veio ampliar o campo de aplicação das poligonais, no transporte de coordenadas, na verificação de poligonais levantadas com teodolito e trena, nas trilaterações etc. Em capítulos posteriores abordaremos tais assuntos.

Quando as medidas de distância forem obtidas com trena, as estacas deverão ser escolhidas de tal forma que o percurso possa ser facilmente percorrido. Nas medidas diretas com taqueômetros ou distancio metros eletrônicos não importam as dificuldades do percurso, basta haver intervisibilidade.

## SEQUÊNCIA DE CÁLCULO E DE AJUSTE DA POLIGONAL FECHADA

1. Correção dos comprimentos.
2. Determinação do erro de fechamento angular pelos rumos ou pelos azimutes calculados.
3. Determinação do erro de fechamento angular pela somatória dos ângulos internos (os itens 2 e 3 devem chegar ao mesmo resultado).
4. Distribuição do erro de fechamento angular obtendo-se os rumos definitivos.
5. Cálculo das coordenadas parciais $(x, y)$.
6. Determinação dos erros de fechamento linear:

    $e_x$ = erro nas abscissas,

    $e_y$ = erro nas ordenadas,

    $E_f$ = erro de fechamento linear absoluto,

    $1:M$ = erro de fechamento linear relativo, onde

    $M = P/E_f$, sendo $P$ o perímetro.
7. Distribuição dos erros $e_x$ e $e_y$ e assim fechando-se o polígono.
8. Procura do ponto mais a oeste.
9. Cálculo das coordenadas totais $(X, Y)$.
10. Cálculo da área do polígono.

Será justamente essa sequência que será estudada nos capítulos seguintes.

# 10
## Cálculo de coordenadas parciais, de abscissas parciais e de ordenadas parciais

São chamadas de coordenadas parciais as projeções de um lado do polígono, nos eixos norte-sul e leste-oeste (Figura 10.1).

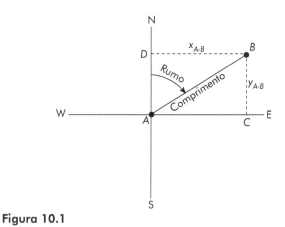

**Figura 10.1**

Seja o lado $AB$ de um polígono. Fazemos passar as linhas norte-sul (NS) e leste-oeste (EW) pela estaca $A$. O ângulo $NAB$ é o rumo de $AB$ e no caso em questão trata-se de um rumo NE. O comprimento $AB$ chamamos de $l$. Temos, nesse caso,

$$\text{abscissa de } AB = x_{AB} = l \text{ sen rumo,} \tag{1}$$

$$\text{ordenada de } AB = y_{AB} = l \cos \text{ rumo.} \tag{2}$$

Dizemos então que $x_{AB}$ é a abscissa parcial de $AB$ e $y_{AB}$ é a ordenada parcial de $AB$ e os dois valores em conjunto constituem as coordenadas parciais do lado $AB$.

O emprego das coordenadas parciais é indispensável para a sequência do cálculo de uma poligonal, pois, através delas, é que conseguiremos apurar o erro de fechamento linear, a distribuição deste erro e, finalmente, o cálculo da área do polígono.

Para o emprego das fórmulas (1) e (2), podemos usar uma tabela de funções naturais ou uma tábua de logaritmos (Tabela 10.1 e Tabela 10.2), ou ainda, tabelas especiais previamente elaboradas como a do Eng. Nelson Fernandes da Silva que estudaremos mais adiante, assim como as calculadoras eletrônicas.

Cálculo de coordenadas parciais, de abscissas parciais e de ordenadas parciais

**Tabela 10.1** Planilha de cálculo para obtenção de coordenadas por funções naturais

| Linha | Rumo | Comprimento | Seno do rumo | Co-seno do rumo | \multicolumn{4}{c}{Coordenadas parciais} |
|---|---|---|---|---|---|---|---|---|

| Linha | Rumo | Comprimento | Seno do rumo | Co-seno do rumo | $x^*$ E | $x^*$ W | $y^*$ N | $y^*$ S |
|---|---|---|---|---|---|---|---|---|
| 1-2 | S 75° 20' W | 58,08 | 0,96742 | 0,25320 |  | 56,19 |  | 14,71 |
| 2-3 | S 49° 50' W | 51,54 | 0,76417 | 0,64501 |  | 39,39 |  | 33,24 |
| 3-4 | S 21° 00' E | 48,95 | 0,35837 | 0,93358 | 17,54 |  |  | 45,70 |
| 4-5 | S 69° 30' E | 51,75 | 0,93667 | 0,35021 | 48,48 |  |  | 18,12 |
| 5-6 | N 41° 40' E | 82,61 | 0,66480 | 0,74703 | 54,92 |  | 61,71 |  |
| 6-1 | N 26° 30' W | 56,20 | 0,44620 | 0,89493 |  | 25,08 | 50,30 |  |
| | $\Sigma l = 349,13$ | | | soma: | 120,94 | 120,66 | 112,01 | 111,77 |
| | | | | diferença: | $e_x = 0,28$ | | $e_y = 0,24$ | |

• Observação: os valores de $x$ e $y$ são colocados nas colunas E ou W e N ou S em função das letras do rumo

**Tabela 10.2** Planilha de cálculo para obtenção de coordenadas por logaritmos

| Linha, comprimento e rumo | Cálculo de $x$ | Cálculo de $y$ | X E | X W | y N | y S |
|---|---|---|---|---|---|---|
| 1-2<br>$l = 65,73$ m<br>rumo = N 22° 55' W | log $l$ = 1,81776<br>log sen rumo = 1,59039<br>log $x$ = 1,40815<br>$x$ = 25,59 | log $l$ = 1,81776<br>log cos rumo = 1,96429<br>log $y$ = 1,78105<br>$y$ = 60,40 |  | 25,59 | 60,40 |  |
| 2-3<br>$l = 84,35$ m<br>rumo = N 42° 30' W | log $l$ = 1,92609<br>log sen rumo = 1,82968<br>log $x$ = 1,75577<br>$x$ = 56,99 | log $l$ = 1,92609<br>log cos rumo = 1,86763<br>log $y$ = 1,79372<br>$y$ = 62,19 |  | 56,99 | 62,19 |  |
| 3-4<br>$l = 50,42$ m<br>rumo = S 51° 00' W | log $l$ = 1,70260<br>log sen rumo = 1,89050<br>log $x$ = 1,59310<br>$x$ = 39,18 | Log $l$ = 1,70260<br>log cos rumo = 1,79887<br>log $y$ = 1,50147<br>$y$ = 31,73 |  | 39,18 |  | 31,73 |
| 4-5<br>$l = 43,60$ m<br>rumo = S 63° 10' E | log $l$ = 1,63949<br>log sen rumo = 1,95052<br>log $x$ =1,59001<br>$x$ = 38,91 | log $l$ = 1,63949<br>log cos rumo = 1,65456<br>log $y$ = 1,29405<br>$y$ = 19,68 | 38,91 |  |  | 19,68 |
| 5-6<br>$l = 105,92$ m<br>rumo = S 15° 05' E | log $l$ = 2,02492<br>log sen rumo = 1,41535<br>log $x$ = 1,44027<br>$x$ = 27,55 | log $l$ = 2,02492<br>log cos rumo = 1,98477<br>log $y$ = 2,00969<br>$y$ = 102,26 | 27,55 |  |  | 102,26 |
| 6-1<br>$l = 62,41$ m<br>rumo = N 60° 20' E | log $l$ = 1,79525<br>log sen rumo = 1,93898<br>log $x$ = 1,73623<br>$x$ = 54,48 | log $l$ = 1,79525<br>log cos rumo = 1,69456<br>log $y$ = 1,48981<br>$y$ = 30,90 | 54,48 |  | 30,90 |  |

$P = \Sigma l = 412,43$ m
$P$ = perímetro

soma: 120,94   121,76   153,49   153,67
diferença   $e_x = 0,82$   $e_y = 0,18$

## CALCULO GRÁFICO DE COORDENADAS PARCIAIS

Usamos papel comum ou papel milimetrado (Figura 10.2). Partindo de uma mesma origem O e considerando a vertical como direção NS, marcamos a partir do norte os ângulos que representam os rumos (esta marcação é feita com transferidor). Depois de traçados os raios a partir de O, marcamos, com uma escala, os comprimentos, obtendo-se os pontos 1, 2, 3, 4, 5 e 6 finais, respectivamente das retas 6-1. 1-2, 2-3. 3-4, 4-5 e 5-6. As verticais destes pontos até o eixo leste-oeste representam, lidos na mesma escala, os valores $y_s$ respectivos. As horizontais até o eixo norte-sul são os valores $x_s$ respectivamente.

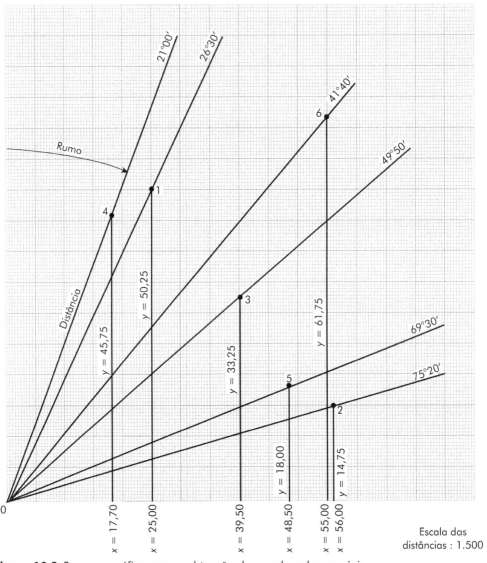

**Figura 10.2** Processo gráfico para a obtenção de coordenadas parciais.

Na Tabela 10.3, colocamos os valores de $x$ e $y$, calculados analítica e graficamente, para comparação (usamos dados da Tabela 10.1, já feitos analiticamente). Naturalmente sabemos que o valor obtido analiticamente é o certo, sendo o gráfico apenas aproximado. No entanto, é um ótimo meio de verificação porque é muito rápido e aponta os erros grosseiros que por ventura vierem a ser cometidos no cálculo analítico.

Tabela 10.3

| Linha | x Valor obtido analiticamente | x Valor obtido graficamente | y Valor obtido analiticamente | y Valor obtido graficamente |
|---|---|---|---|---|
| 1-2 | 56,19 | 56,00 | 14,71 | 14,75 |
| 2-3 | 39,39 | 39.50 | 33,24 | 33,25 |
| 3-4 | 17,54 | 17,70 | 45,70 | 45,75 |
| 4-5 | 48,48 | 48,50 | 18,12 | 18,00 |
| 5-6 | 54,92 | 55,00 | 61,71 | 61,75 |
| 6-1 | 25,08 | 25,00 | 50,30 | 50,25 |

Por vezes acontece que, tendo-se colocado todas as coordenadas analiticamente, o polígono não fecha; convém, antes de repetir todos os cálculos, fazer uma verificação pelo método gráfico; no caso de este apontar um erro grosseiro em alguma das coordenadas, devemos refazer os cálculos analíticos apenas desta, para ganhar tempo.

## EMPREGO DE TABELAS

Certos autores já prepararam tabelas para cálculo de coordenadas, fazendo os comprimentos variarem de centímetro em centímetro e os ângulos dos rumos, de minuto em minuto. Uma destas tabelas é a do Eng. Nelson Fernandes da Silva, que descreveremos em capítulos adiante, pois ela serve também para cálculos de taqueometria e este assunto só será abordado adiante.

## CALCULADORAS ELETRÔNICAS

As calculadoras, mesmo as portáteis, têm transformação direta de coordenadas polares em cartesianas e vice-versa. Como rumo e comprimento de linhas são coordenadas polares e $x$ e $y$ são coordenadas cartesianas, fica extremamente fácil o emprego destas calculadoras. Como exemplo, a HP 25 possui esta transformação com muita rapidez e simplicidade. Este é o melhor método, porém não devemos desprezar outros, pois nem sempre temos a calculadora ao nosso lado.

### Erro de fechamento linear

Tomemos como demonstração a Tabela 10.1. Vemos que a soma dos valores $x$ para leste resultou 120,94 m, enquanto que a soma dos valores $x$ para oeste deu 120,66 m. Isto significa que, partindo da estaca 1, andando 120,94 m para leste e voltando (para oeste) apenas 120,66 m, não voltamos até um, mas paramos a uma distância de 0,28 m deste ponto.

Vejamos um gráfico (Figura 10.3) onde só nos preocupamos com os valores $x$. O mesmo raciocínio fazemos para a direção norte-sul e vemos que a somatória dos valores $y$ para o norte deu 112,01 m, enquanto que a somatória dos valores $y$ para sul deu 111,77 m, portanto houve uma diferença de 0,24 m, aquela maior do que esta.

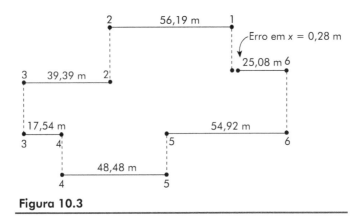

**Figura 10.3**

Na Figura 10.4 representamos os erros em x e y e vemos que o erro de fechamento $(E_f)$ é a hipotenusa do triângulo retângulo.

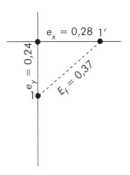

**Figura 10.4**

Nesta figura, o ponto 1 representa a estaca na saída, e o ponto 1', a mesma estaca na volta. O erro de fechamento $(E_f)$ é no entanto absoluto, isto é, não se relaciona comparativamente a outro valor. Por esta razão se indagarmos: um polígono com erro de 0,37 m $(E_f)$ está bom? É aceitável ou não? A resposta seria: não sei. É necessária uma comparação com a dimensão do trabalho executado. Ora, já que $E_f$ é uma medida linear, nada melhor como termo de comparação a somatória dos comprimentos dos lados, isto é, o perímetro (F); regra de três:

$$\begin{array}{c} E_f \to P \\ 1\,m \to M \end{array} ; \quad \text{então} \quad M = \frac{P}{E_f},$$

onde $P$ é o perímetro ($\Sigma l$) e $M$ servirá para expressão do erro relativo 1:$M$ (um para $M$) ou 1/$M$, então erro relativo: 1/$M$, ou seja, foi cometido o erro de 1 m em $M$ metros de perímetro.

No exemplo em questão (Tabela 10.1), temos $\Sigma l = P = 349{,}13$, então

$$M = \frac{349{,}13}{0{,}37} = 943{,}6.$$

O erro relativo foi de 1 para 943,6, ou seja, o erro foi de 1 m para cada 943,6 m de perímetro.

No segundo exemplo dado (Tabela 10.2) temos $e_x - 0{,}82$, $e_y = 0{,}18$ e $P = \Sigma l = 412{,}43$, assim:

$$E_f = \sqrt{0{,}82^2 + 0{,}18^2} = 0{,}839 \approx 0{,}84,$$

$$M = \frac{412{,}43}{0{,}84} = 491;$$

então, o erro relativo é 1/491, ou seja, o erro foi de 1 m para cada 491 m de perímetro.

Quando se fazem levantamentos de poligonais com medidas obtidas com diastímetros (trena de aço ou corrente) e medidas de ângulos com trânsito (aparelhos capazes de ler até um minuto sexagesimal), a tolerância de erro de fechamento linear relativo é de 1 para 1 000; portanto, para este critério, nenhum dos dois exemplos (Tabelas 10.1 e 10.2) seria aceitável, pois tanto 1/943,6 como 1/491 representam erro superior a 1/1 000; porém, para poligonais levantadas, com a bússola, com a corrente ou com a trena, a tolerância é em geral maior, 1/500, e neste caso o primeiro exemplo (Tabela 10.1) estaria muito bom e o segundo (Tabela 10.2), quase bom.

## DISTRIBUIÇÃO DO ERRO DE FECHAMENTO LINEAR

Quando o erro é superior ao limite aceitável, só resta o recurso de refazer o trabalho total ou parcialmente. Quando, porém, o erro é aceitável, ainda assim, é necessário distribuir este erro, pois não podemos prosseguir no cálculo do polígono enquanto ele não fechar (é impossível calcular a área de uma figura aberta). Não sabemos onde o erro foi cometido; se assim fosse iríamos corrigir neste lugar. Por isso, deveremos procurar uma maneira racional de distribuição. Na prática, usam-se dois sistemas, ambos distribuindo o erro diretamente nas coordenadas parciais, isto é, corrigindo-as diretamente em vez de alterar comprimentos e direções de lados.

Vejamos o *primeiro sistema*, usando a seguinte regra de três:

$$\frac{C_{x_{1-2}}}{l_{1-2}} = \frac{e_x}{P},$$

$C_{x1-2} =$ correção na abscissa do lado 1-2 (é também o erro nesta abscissa),

$e_x =$ erro em $x = \Sigma x_E - \Sigma x_w$ em módulo (não interessa o sinal),

$l_{1-2}$ = comprimento do lado 1-2,
$P$ = perímetro (somatória dos comprimentos dos lados).

$$C_{x_{1-2}} = \frac{e_x}{P} l_{1-2}.$$

Apliquemos esta fórmula para o lado 1-2 do primeiro exemplo (Tabela 10.1):

$$C_{x_{1-2}} = \frac{0,28}{349,12} 58,08 = 0,000802 \times 58,08 = 0,04658 \text{ m} \simeq 0,05 \text{ m};$$

portanto, $x_{1-2}$ corrigido será 56,19 + 0,05 = 56,24. A correção foi somada ao valor de $x$ porque a abscissa 1-2 é W e a somatória de $x_w$ é menor do que u somatória de $x_E$.

Façamos mais um exemplo, agora com a abscissa do lado 3-4:

$$C_{x_{3-4}} = \frac{e_x}{P} l_{3-4} = \frac{0,28}{349,13} 48,95 = 0,000802 \times 48,95 = 0,39258 \simeq 0,04;$$

portanto, $x_{3-4}$ corrigido = 17,54 – 0,04 = 17,50 m. O valor da correção foi subtraído porque a abscissa do lado 3-4 é $E$ e a somatória de $x_E$ é maior do que a somatória de $x_w$.

Vemos também que o valor $e_x/P$ é constante. Essa constante ($e_x/P$) é a constante de correção para as abscissas que deve ser multiplicada por cada um dos comprimentos dos lados para se ter a correção em cada uma das abscissas.

A distribuição nas ordenadas é semelhante:

$$\frac{C_{y_{1-2}}}{l_{1-2}} = \frac{e_y}{P},$$

portanto

$$C_{y_{1-2}} = \frac{e_y}{P} l_{1-2},$$

onde $e_y/P$ é a constante de correção para as ordenadas que deve ser multiplicada por cada um dos comprimentos dos lados para se ter a correção em cada uma das ordenadas.

Exemplificando para o lado 1-2, vamos ter:

$$C_{x_{1-2}} = \frac{e_x}{P} l_{1-2},$$

$$C_{y_{1-2}} = \frac{e_y}{P} 1-2 = \frac{0,24}{349,13} 58,08 = 0,000690 \times 58,08 = 0,04007 \simeq 0,04;$$

$y_{1-2}$ corrigido = 14,71 + 0,04 = 14,75 m. O valor da correção (0,04) foi somado ao $y_{1-2}$ porque ele é sul e a somatória de $y_s$ é menor do que a somatória de $y_N$. As restantes correções da Tabela 10.1 estão na tabela abaixo.

**Tabela 10.4** Planilha com a coordenadas parciais corrigidas.

| Linha | Coordenadas parciais ||||||| Coordenadas parciais corrigidas |||||||
|---|---|---|---|---|---|---|---|---|---|---|---|---|---|
| | $x$ |||| $y$ |||| $x$ |||| $y$ |||
| | E | | W | N | | S | | E | | W | N | | S |
| 1-2 | | | 56,19 | 5 | | 14,71 | 4 | | | 56,24 | | | 14,75 |
| 2-3 | | | 39,39 | 4 | | 33,24 | 4 | | | 39,43 | | | 33,28 |
| 3-4 | 17,54 | 4 | | | | 45,70 | 3 | 17,50 | | | | | 45,73 |
| 4-5 | 48,48 | 4 | | | | 18,12 | 4 | 48,44 | | | | | 18,16 |
| 5-6 | 54,92 | 7 | 25,08 | | 61,71 | 5 | | 54,85 | | | 61,66 | | |
| 6-1 | | | | 4 | 50,30 | 4 | | | | 25,12 | 50,26 | | |
| | 120,94 | | 120,66 | 112,01 | | 111,77 | | 120,79 | | 120,79 | 111,92 | | 111,92 |

O *segundo sistema* muda os termos da proporção:

$$\frac{C_{x_{1-2}}}{x_{1-2}} = \frac{e_x}{\Sigma x},$$

onde $C_{x1-2}$ é o erro e, portanto, a correção deve ser feita na abscissa do lado 1-2; $x_{1-2}$ é a abscissa do lado 1-2; $e_x$ é o erro em $x$, ou seja, $\Sigma x_E - \Sigma x_W$; e, finalmente, $\Sigma x$ é a soma de todas as abscissas, quer sejam para leste ou para oeste:

$$\Sigma x = \Sigma x_E + \Sigma x_w \quad \therefore \quad C_{x_{1-2}} = \frac{e_x}{x} x_{1-2}.$$

Vemos então que, agora, a correção para os valores de $x$ é o produto da constante $e_x/\Sigma x$ por cada uma das abscissas $x$.

Apliquemos este sistema para os mesmos exemplos anteriores:

$$\Sigma x = 120,94 + 120,66 = 241,60,$$

$$C_{x_{1-2}} = \frac{0,28}{241,60} 56,19 = 0,06518 \simeq 0,07,$$

onde a constante de correção para as abscissas $= x = e_x/\Sigma x$:

$$\frac{0,28}{241,60} = 0,0115;$$

portanto,

$$x_{1-2} \text{ corrigido} = 56,19 + 0,07 = 56,26;$$

$$x_{3-4} \text{ corrigido} = 17,54 - 0,02 = 17,52.$$

Da mesma forma para corrigir as ordenadas, temos:

$$\frac{C_{y_{1-2}}}{y_{1-2}} = \frac{e_x}{\Sigma y}, \quad C_{y_{1-2}} = \frac{e_y}{\Sigma y} y_{1-2},$$

onde

$$\Sigma y = \Sigma y_N + \Sigma y_s.$$

No nosso exemplo, temos $\Sigma y = 112{,}01 + 111{,}77 = 223{,}78$, $e_y = 0{,}24/223{,}78 = 0{,}00107$, assim:

$$C_{y_{1-2}} = \frac{0{,}24}{223{,}78} 14{,}71$$

$$C_{y_{1-2}} = 0{,}00107 \times 14{,}71 = 0{,}01574 \approx 0{,}02;$$

portanto,

$$y_{1-2} \text{ corrigido} = 14{,}71 + 0{,}02 = 14{,}73.$$

**Tabela 10.5** As restantes correções aparecem feitas diretamente na Tabela 10.4.

| Linha | Coordenadas parciais ||||| Coordenadas parciais corrigidas |||||
|---|---|---|---|---|---|---|---|---|---|---|
|  | x ||| y || | x ||| y |
|  | E | W | N | S || E | W | N | S |
| 1-2 |  | 56,19 | 7 |  | 14,71 | 2 |  | 56,26 |  | 14,73 |
| 2-3 |  | 39,39 | 5 |  | 33,24 | 4 |  | 39,44 |  | 33,28 |
| 3-4 | 17,54 | 2 |  |  | 45,70 | 5 | 17,52 |  |  | 45,75 |
| 4-5 | 48,48 | 5 |  |  | 18,12 | 2 | 48,43 |  |  | 18,14 |
| 5-6 | 54,92 | 6 |  | 61,71 | 6 |  | 54,86 |  | 61,65 |  |
| 6-1 |  | 25,08 | 3 | 50,30 | 5 |  |  | 25,11 | 50,25 |  |
| 120,94 |||| 112,01 | 111,77 | 120,81 |  | 120,81 | 111,90 | 111,90 |

O primeiro sistema denomina-se *método de correção proporcional aos comprimentos dos lados* e o segundo sistema, *método de correção proporcional às próprias coordenadas*.

Comparando agora os dois sistemas (Tabela 10.6) e tomando o lado 3-4 para discussão, vemos que. no primeiro sistema o valor $x$ foi corrigido em 4 cm, sendo de 17 m, enquanto que $y$, sendo de 45 m foi corrigido apenas em 3 cm. Já no segundo sistema, $x$ foi corrigido em apenas 2 cm, enquanto que $y$ foi em 5 cm (Figura 10.5).

**Tabela 10.6**

| Linha | Abscissa $x$ | Correção || Ordenada $y$ | Correção ||
|---|---|---|---|---|---|---|
|  |  | 1° sistema | 2° sistema |  | 1° sistema | 2° sistema |
|  |  | cm | cm |  | cm | cm |
| 1-2 | −56,19 | 5 | 7 | −14,71 | 4 | 2 |
| 2-3 | −39,39 | 4 | 5 | −33,24 | 4 | 4 |
| 3-4 | +17,54 | 4 | 2 | −45,70 | 3 | 5 |
| 4-5 | +48,48 | 4 | 5 | −18,12 | 4 | 2 |
| 5-6 | +54,92 | 7 | 6 | +61,71 | 5 | 6 |
| 6-1 | −25,08 | 4 | 3 | +50,30 | 4 | 5 |

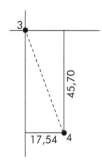

**Figura 10.5**

Tal fato mostra que, enquanto no primeiro sistema, a direção do lado foi substancialmente alterada porque as correções não foram proporcionais às coordenadas, no segundo sistema, a direção foi quase totalmente mantida.

A seguir, vamos verificar as afirmações anteriores com um exemplo. As afirmações que tentaremos provar são:

a) quando se distribui o erro de fechamento linear pelo primeiro sistema, isto é, proporcionalmente aos comprimentos dos lados, as correções alteram tanto os comprimentos quanto os rumos dos lados, em proporções quase iguais;

b) quando se distribui o erro de fechamento linear pelo segundo sistema, isto é, proporcionalmente às próprias coordenadas, as correções alteram mais os comprimentos dos lados e muito menos os rumos.

O exemplo que escolhemos (Tabela 10.7) está com erros exagerados, porém propositais para tornar mais visível a variação.

Aplicando o primeiro sistema, isto é,

$$C_{x_{1-2}} = \frac{e_x}{P} l_{1-2} \quad \text{e} \quad C_{y_{1-2}} = \frac{e_y}{P} l_{1-2}$$

**Tabela 10.7**

| Linha | Comprimento | Rumo | Coordenadas parciais |||| 
|---|---|---|---|---|---|---|
| | | | \multicolumn{2}{c}{$x$} | \multicolumn{2}{c}{$y$} |
| | | | E | W | N | S |
| 1-2 | 100,00 | N 80° 00' E | 98,481 | | 17,365 | |
| 2-3 | 86,00 | N 12° 00' E | 17,880 | | 84,121 | |
| 3-4 | 132,00 | N 86° 30' W | | 131,753 | 8,059 | |
| 4-1 | 99,50 | S 4° 30' W | | 7,807 | | 99,194 |
| | P = 417,50 | | 116,361 | 139,560 | 109,545 | 99,194 |

$$e_x = 23,199 \qquad e_y = 10,351$$
$$\Sigma x = 255,921 \qquad \Sigma y = 208,739$$

teremos as coordenadas parciais corrigidas conforme nos mostra a Tabela 10.8.

**Tabela 10.8**

| Linha | Coordenadas parciais ||||||| Coordenadas parciais corrigidas |||||
|---|---|---|---|---|---|---|---|---|---|---|---|---|
| | x |||| y |||| x ||| y ||
| | E | C | W | C | N | C | S | C | E | W | N | S |
| 1-2 | 98,481 | 5,556 | | | 17,365 | 2,479 | | | 104,037 | | 14,886 | |
| 2-3 | 17,880 | 4,779 | | | 84,121 | 2,132 | | | 22,659 | | 81,989 | |
| 3-4 | | | 131,753 | 7,335 | 8,059 | 3,273 | | | | 124.418 | 4,786 | |
| 4-1 | | | 7,807 | 5,529 | | | 99,194 | 2,467 | | 2,278 | | 101,661 |
| | 116,361 | | 139,560 | | | | 99,194 | | 126,696 | 126,696 | 101,661 | 101,661 |

Aplicando agora o segundo sistema,

$$C_{x_{1-2}} = \frac{e_x}{\Sigma x} x_{1-2} \quad \text{e} \quad C_{y_{1-2}} = \frac{e_y}{\Sigma y} y_{1-2}$$

teremos as coordenadas parciais corrigidas, como são mostradas na Tabela 10.9.

**Tabela 10.9**

| Linha | Coordenadas parciais ||||||| Coordenadas parciais corrigidas |||||
|---|---|---|---|---|---|---|---|---|---|---|---|---|
| | x |||| y |||| x ||| y ||
| | E | C | W | C | N | C | S | C | E | W | N | S |
| 1-2 | 98,481 | 8,927 | | | 17,365 | 0,861 | | | 107,408 | | 16,504 | |
| 2-3 | 17,880 | 1,621 | | | 84,121 | 4,171 | | | 19,501 | | 79,950 | |
| 3-4 | | | 131,753 | 7,335 | 8,059 | 0,400 | | | | 119,810 | 7,659 | |
| 4-1 | | | 7,807 | 5,529 | | | 99,194 | 4,919 | | 7,099 | | 104,113 |
| | 116,361 | | 139,560 | | 109,545 | | 99,194 | | 126,909 | 126,909 | 104,113 | 104,113 |

Em seguida, iremos recalcular comprimentos e rumos dos quatro lados, baseados nas coordenadas corrigidas, pois sabemos que:

$$l = \sqrt{x^2 + y^2},$$

$$\text{rumo} = \text{arco tg } \frac{x}{y}.$$

Baseado nos valores $x$ e $y$, corrigidos do primeiro sistema, e no segundo sistema, temos na Tabela 10.10 os comprimentos e os rumos recalculados.

**Tabela 10.10**

| Linha | Dados originais || Cálculo baseado em $x$ e $y$ do 1° sistema || Cálculo baseado em $x$ e $y$ do 2° sistema ||
|---|---|---|---|---|---|---|
| | Comprimento | Rumo | Comprimento | Rumo | Comprimento | Rumo |
| 1-2 | 100,00 | N 80° 00' E | 105,097 | N 81° 52' E | 108,889 | N 81° 12' E |
| 2-3 | 86,00 | N 12°00' E | 85,062 | N 15° 27' E | 82,293 | N 13° 42' E |
| 3-4 | 132,00 | N 86° 30' W | 124,429 | N 87° 48' W | 120,054 | N 86° 21' W |
| 4-1 | 99,50 | S 4°30' W | 101,686 | S 1° 17' W | 103,354 | S 3° 54' W |

Estão, portanto confirmados as afirmações, pois podemos ver que no primeiro sistema as variações angulares foram maiores do que no segundo sistema, acontecendo o contrário com as variações lineares. Ressalte-se que, neste exemplo, houve para o segundo sistema variações angulares em virtude da grande amplitude dos erros. Quando os erros forem pequenos, as variações angulares são desprezíveis.

Usando o exemplo da Tabela 10.1, já feito anteriormente, podemos constatar o que foi dito, conforme nos mostra a Tabela 10.11.

Tabela 10.11

| Linha | Rumo original | Coordenadas parciais corrigidas 2° sistema ||||  Rumos calculados baseados nas coordenadas parciais corrigidos | Diferença |
|---|---|---|---|---|---|---|---|
| | | $x$ || $y$ || | |
| | | E | W | N | S | | |
| 1-2 | S 75° 20' W | | 56,26 | | 14,73 | S 75° 20' 13" W | 13" |
| 2-3 | S 49° 50' W | | 39,44 | | 33,28 | S 49° 50' 31" W | 31" |
| 3-4 | S 21° 00' E | 17,52 | | | 45,75 | S 20° 57' 16" E | 2' 44" |
| 4-5 | S 69° 30' E | 48,43 | | | 18,14 | S 69° 27' 58" E | 2' 02" |
| 5-6 | N 41° 40' E | 54,86 | | 61,65 | | N 41° 39' 53" E | 07" |
| 6-1 | N 26° 30' W | | 25,11 | 50,25 | | N 26° 33' 05" W | 3' 05" |

Como conclusão, devemos aplicar cada sistema, em função da maior ou menor precisão possível esperada em cada uma das unidades medidas; assim, quando trabalharmos com boa precisão angular e baixa precisão linear, será preferível o segundo sistema, isto é, a proporcionalidade às próprias coordenadas; é o caso em que se medem ângulos com o trânsito e as distâncias com trena ou corrente. Quando o polígono é levantado com igual precisão em distâncias e ângulos, empregar-se-á o primeiro sistema, pois não há razão para querermos manter, preferencialmente, nenhum dos dois valores.

# 11

# O ponto mais a oeste e cálculo de coordenadas totais

Tanto para o cálculo da área de um polígono como para desenhá-lo, é vantajoso que conheçamos qual de suas estacas é a que está mais a oeste. Quando formos desenhar o polígono, sabendo-se o ponto mais a oeste e colocando-o à esquerda do papel, não correremos o risco de que parte do polígono que, sendo ainda mais à esquerda, caia fora do papel.

Para o cálculo de áreas, veremos em capítulo posterior, que certos valores indispensáveis para o cômputo da área serão somente positivos quando calculados a partir do ponto mais a oeste, evitando complicações de sinal.

Para encontrar o ponto mais a oeste, partindo das coordenadas parciais já corrigidas, devemos adotar uma das estacas como origem provisória e, a partir dela, acumularmos algebricamente as abscissas. A estaca que, nessa acumulação, apresentar o maior valor negativo será o ponto procurado. Em virtude da simplicidade da operação, passemos imediatamente para um exemplo.

Para acumular algebricamente, consideramos os valores de E e N como positivos e de W e S como negativos.

Tabela 11.1

| Linha | Coordenadas parciais ||||
|---|---|---|---|---|
| | $x$ || $y$ ||
| | E | W | N | S |
| 1-2 |  | 8 |  | 6 |
| 2-3 |  | 15 | 4 | 5 |
| 3-4 | 3 |  |  | 7 |
| 4-5 | 4 |  |  | 5 |
| 5-6 |  | 2 |  | 8 |
| 6-7 |  | 15 |  | 1 |
| 7-8 | 20 |  |  |  |
| 8-9 | 5 |  | 10 |  |
| 9-10 | 4 |  | 6 |  |
| 10-1 | 4 |  | 12 |  |
| Σ | 40 | 40 | 32 | 32 |

**EXEMPLO 11.1** Dado o polígono, pelas suas coordenadas parciais corrigidas Tabela 11.1 achar o ponto mais a oeste.

Constata-se que o polígono realmente fecha pela igualdade das somas de $x_E$ com $x_w$ e de $y_N$ com $y_s$.

Procura do ponto mais a oeste, tendo como origem provisória, o ponto 1:

| estaca | X |
|---|---|
| 1 | 0 |
|   | −8 |
| 2 | −8 |
|   | −15 |
| 3 | −23 |
|   | +3 |
| 4 | −20 |
|   | +4 |
| 5 | −16 |
|   | −2 |
| 6 | −18 |
|   | −15 |
| *7 | −33 |
|   | +20 |
| 8 | −13 |
|   | +5 |
| 9 | −8 |
|   | +4 |
| 10 | −4 |
|   | +4 |
| 1 | 0 |

(*ponto mais a oeste, porque é o de maior valor negativo)

O ponto mais a oeste é a estaca 7, porque apresentou, nessa acumulação algébrica, o maior valor negativo (−33). Trabalhamos apenas com as abscissas e não com as ordenadas ($y_s$), porque não nos interessa a direção norte-sul, quando se cogita de ponto mais a oeste.

A escolha da origem provisória não afeta o encontro do ponto mais a oeste? Evidentemente não, pois apenas altera os valores dos $x_s$ acumulados, mantendo, porém, sempre o mesmo ponto com maior valor negativo. Mesmo não sendo necessário, faremos uma outra procura, usando agora, como origem provisória o ponto 3, e novamente se verifica que o ponto mais a oeste é a estaca 7 com o maior valor negativo (−10):

| estaca | X |
|---|---|
| 3 | 0 |
|   | +3 |
| 4 | +3 |
|   | +4 |
| 5 | +7 |
|   | −2 |
| 6 | +5 |
|   | −15 |
| *7 | −10 |
|   | +20 |
| 8 | +10 |
|   | +5 |
| 9 | +15 |
|   | +4 |
| 10 | +19 |
|   | +4 |
| 1 | +23 |
|   | −8 |
| 2 | +15 |
|   | −15 |
| 3 | 0 |

(*ponto mais a oeste, porque é o de maior valor negativo)

## CÁLCULO DAS COORDENADAS TOTAIS

As coordenadas totais são as acumulações algébricas das coordenadas parciais, tomando-se um ponto qualquer como origem, porém usa-se o ponto mais a oeste como tal. As ordenadas totais são as acumulações algébricas das ordenadas parciais, a partir da origem. As abscissas totais são as acumulações algébricas das abscissas parciais, a partir da origem.

Desenhamos o polígono (Figura 11.1) representado pelas coordenadas da Tabela 11.2; antes, porém, procuramos o ponto mais a oeste, assumindo como origem provisória um ponto qualquer (digamos estaca C):

# O ponto mais a oeste e cálculo de coordenadas totais

**Tabela 11.2**

|    | Coordenadas parciais ||||
|    | x || y ||
|    | E | W | N | S |
|----|---|---|---|---|
| AB |   | 6 |   | 3 |
| BC | 4 |   |   | 5 |
| CD | 3 |   | 2 |   |
| DE | 7 |   |   | 3 |
| EA |   | 8 | 9 |   |
|    | 14 | 14 | 11 | 11 |

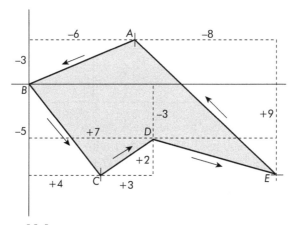

**Figura 11.1**

| estaca | X |
|--------|---|
| C | 0 |
|   | +3 |
| D | +3 |
|   | +7 |
| E | +10 |
|   | −8 |
| A | +2 |
|   | −6 |
| B | −4 |
|   | +4 |
| C | 0 |

*ponto mais a oeste é B (maior valor negativo)

Passamos eixos definitivos pelo ponto B, que é o ponto mais a oeste, e usando a estaca B como origem para acumulação das coordenadas parciais e calculamos as coordenadas totais (Tabela 11.3).

Tabela 11.3

| Estaca | Coordenadas totais ||
|---|---|---|
| | X | Y |
| B | 0 | 0 |
| | +4 | −5 |
| C | +4 | −5 |
| | +3 | +2 |
| D | +7 | −3 |
| | +7 | −3 |
| E | +14 | −6 |
| | −8 | +9 |
| A | +6 | +3 |
| | −6 | −3 |
| B | 0 | 0 |

Já podemos ver então, com mais clareza, olhando a Figura 11.1 e a Tabela 11.3, que as coordenadas totais são as distâncias do ponto aos eixos das coordenadas que passam pelo ponto mais a oeste. Assim, no ponto $D$ a abscissa total é igual a 7 e a ordenada é − 3. Vemos na figura que estas são as distâncias do ponto $D$ aos eixos referidos.

# 12
## Cálculo de área de polígono

Entre diversos processos geométricos e trigonométricos de cálculo de área de polígonos, selecionamos os dois mais empregados nas atividades práticas 1) processo das duplas distâncias meridianas (ddm); 2) processo das coordenada totais, também chamado de coordenadas dos vértices

### DUPLAS DISTÂNCIAS MERIDIANAS (ddm)

*Cálculo de área de poligonal fechada pelo método das duplas distâncias meridianas*

Dedução da fórmula

Área do polígono = área 1-2-3-4-5-1 = área 3'-3-2-2' + área 2'-2-1-1' − área 3'-3-4 − área 4-5-5' − área 5'-5-1-1'.

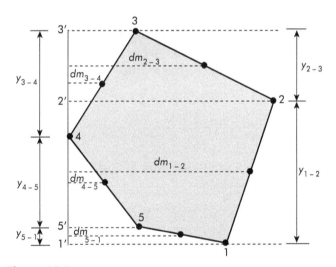

**Figura 12.1**

Vemos na Figura 12.1 que cada uma dessas áreas, sejam trapézios, sejam triângulos, é sempre o produto da $dm$ pelo $y$ respectivo, onde $dm$ é a distância meridiana do lado, ou seja, a distância do meio do lado até a origem no ponto mais E oeste (ponto 4); portanto,

área do polígono = $dm_{1-2}y_{1-2} + dm_{2-3}y_{2-3} - dm_{3-4}y_{3-4} - dm_{4-5}y_{4-5} - dm_{5-1}y_{5-1}$

ou seja,

$$(dm_{1-2}y_{1-2} + dm_{2-3}y_{2-3}) - (dm_{3-4}y_{3-4} + dm_{4-5}y_{4-5} + dm_{5-1}y_{5-1}). \quad (1)$$

Regra prática para cálculo das distâncias meridianas: *a distância meridiano de um lado é igual à distância meridiano do lado anterior mais a metade da abscissa do lado anterior, mais a metade da abscissa do próprio lado*, por exemplo,

$$dm_{1-2} = dm_{5-1} + \frac{x_{5-1}}{2} + \frac{x_{1-2}}{2},$$

$$dm_{2-3} = dm_{1-2} + \frac{x_{1-2}}{2} + \frac{-x_{2-3}}{2} \ (x_{2-3} \text{ é negativo porque é para oeste}).$$

Na prática, fica menos trabalhoso calcular a dupla distância meridiana, para não trabalharmos com as metades das abscissas; assim,

$$ddm_{1-2} = ddm_{5-1} + x_{5-1} + x_{1-2}$$

(dupla distância meridiana = $ddm$);

$$ddm_{2-3} = ddm_{1-2} + x_{1-2} + (-x_{2-3}).$$

Empregando na fórmula (1) a dupla distância meridiana, iremos obter o dobro da área A → 2A:

$$2A = (ddm_{1-2}y_{1-2} + ddm_{2-3}y_{2-3}) - (ddm_{3-4}y_{3-4} + ddm_{4-5}y_{4-5} + ddm_{5-1}y_{5-1}).$$

Vemos que todos os produtos entre os primeiros parênteses são com *ys* norte, enquanto nos segundos, são com *ys* sul, podemos, pois, chamar respectivamente de produtos norte (PN) e produtos sul (PS); portanto,

$$2A = \sum PN - \sum PS,$$

$$A = \frac{\sum PN - \sum PS}{2};$$

mas como não existe sentido topográfico para área negativa, devemos considerar a diferença ΣPN-ΣPS em módulo, assim

$$A = \frac{\left(\sum PN - \sum PS\right)}{2}.$$

*Exemplo numérico* 12.1 Consideremos o polígono, representado na Tabela 12.1 com suas coordenadas parciais já corrigidas.

$$A = \frac{700 - 253}{2} = \frac{447}{2} = 223,5 \ u^2.$$

*Nota*. Empregaremos, genericamente, $u^2$ = unidades ao quadrado, pois não foi especificado o tipo de unidade das coordenadas parciais.

Cálculo de área de polígono

Procuramos o ponto mais a oeste tomando a estaca 1 como origem provisória:

**Tabela 12.1**

| Linha | Coordenadas parciais corrigidas ||||  Duplas distâncias meridianas | Produtos norte | Produtos sul |
|---|---|---|---|---|---|---|---|
| | $x$ || $y$ |||||
| | E | W | N | S | | | |
| 1-2  | 2  |    | 6 |    | 26 − 2 + 2 = 26 | 26 × 6 = 156 |              |
| 2-3  | 4  |    | 5 |    | 26 + 2 + 4 = 32 | 32 × 5 = 160 |              |
| 3-4  |    | 6  | 3 |    | 32 + 4 − 6 = 30 | 30 × 3 = 90  |              |
| 4-5  |    | 2  |   | 3  | 30 − 6 − 2 = 22 |              | 22 × 3 = 66  |
| 5-6  |    | 1  | 7 |    | 22 − 2 − 1 = 19 | 19 × 7 = 133 |              |
| 6-7  |    | 9  |   | 6  | 19 − 1 − 9 = 9  |              | 9 × 6 = 54   |
| 7-8  | 3  |    |   | 3  | 0 + 0 + 3 = 3   |              | 3 × 3 = 9    |
| 8-9  |    | 2  |   | 6  | 3 + 3 − 2 = 4   |              | 4 × 6 = 24   |
| 9-10 | 3  |    | 1 |    | 4 − 2 + 3 = 5   | 5 × 1 = 5    |              |
| 10-11|    | 1  |   | 7  | 5 + 3 − 1 = 7   |              | 7 × 7 = 49   |
| 11-12| 11 |    |   | 3  | 7 − 1 + 11 = 17 |              | 17 × 3 = 51  |
| 12-1 |    | 2  | 6 |    | 17 + 11 − 2 = 26| 26 × 6 = 156 |              |
|      | 23 | 23 | 28| 28 |                 | ΣPN = 700    | ΣPS = 253    |

| estaca | X |
|---|---|
| 1 | 0 |
|   | +2 |
| 2 | +2 |
|   | +4 |
| 3 | +6 |
|   | −6 |
| 4 | 0 |
|   | −2 |
| 5 | −2 |
|   | −1 |
| 6 | −3 |
|   | −9 |
| *7 | −12 |
|   | +3 |
| 8 | −9 |
|   | −2 |
| 9 | −11 |
|   | +3 |
| 10 | −8 |
|   | −1 |
| 11 | −9 |
|   | +11 |
| 12 | +2 |
|   | −2 |
| 1 | 0 |

O ponto mais a oeste é o ponto 7 porque é o que tem maior valor negativo; a partir dele portanto, na tabela, calculamos as duplas distâncias meridianas. Neste exemplo vemos que a somatória dos produtos norte foi maior do que dos produtos sul; isso porque o polígono foi percorrido no sentido anti-horário. No segundo exemplo, vamos percorrer no sentido horário.

*Exemplo numérico* 12.2 Consideremos um outro polígono. Suas coordenadas parciais já estão, também, corrigidas (Tabela 12.2).

Tabela 12.2

| Linha | Coordenadas parciais corrigidas x E | W | y N | S | Duplas distâncias meridianas | Produtos norte | Produtos sul |
|---|---|---|---|---|---|---|---|
| 1-2 | 18 |  | 18 |  | 99 + 17 + 18 = 134 | 134 × 18 = 2 412 |  |
| 2-3 | 22 |  |  | 22 | 134 + 18 + 22 = 174 |  | 174 × 22 = 3 828 |
| 3-4 |  | 2 |  | 10 | 174 + 22 − 2 = 194 |  | 194 × 10 = 1 940 |
| 4-5 | 24 |  |  | 46 | 194 − 2 + 24 = 216 |  | 216 × 46 = 9 936 |
| 5-6 |  | 10 |  | 16 | 216 + 24 − 10 = 230 |  | 230 × 16 = 3 680 |
| 6-7 |  | 19 | 10 |  | 230 − 10 − 19 = 201 | 201 × 10 = 2 010 |  |
| 7-8 |  | 18 |  | 6 | 201 − 19 − 18 = 164 |  | 164 × 6 = 984 |
| 8-9 |  | 21 |  | 19 | 164 − 18 − 21 = 125 |  | 125 × 19 = 2 375 |
| 9-10 |  | 14 | 16 |  | 125 − 21 − 14 = 90 | 90 × 16 = 1 440 |  |
| 10-11 | 8 |  | 18 |  | 90 − 14 + 8 = 84 | 84 × 18 = 1512 |  |
| 11-12 |  | 25 | 4 |  | 84 + 8 − 25 = 67 | 67 × 4 = 268 |  |
| 12-13 |  | 5 |  | 21 | 67 − 25 − 5 = 37 |  | 37 × 21 = 777 |
| 13-14 |  | 16 | 55 |  | 37 − 5 − 16 = 16 | 16 × 55 = 880 |  |
| 14-15 | 15 |  | 65 |  | 0 + 0 + 15 = 15 | 15 × 65 = 975 |  |
| 15-16 | 11 |  |  | 41 | 15 + 15 + 11 = 41 |  | 41 × 41 = 1 681 |
| 16-17 | 15 |  |  | 11 | 41 + 11 + 15 = 67 |  | 67 × 11 = 737 |
| 17-1 | 17 |  | 6 |  | 67 + 15 + 17 = 99 | 99 × 6 = 594 |  |
|  | 130 | 130 | 192 | 192 |  | 10 091 | 25 938 |

$$A = \frac{25{,}938 - 10{,}091}{2} = \frac{15{,}847}{2} = 7{,}923{,}5\ u^2$$

As duplas distâncias meridianas são calculadas a partir do ponto 14, que é o ponto mais a oeste, conforme encontramos pelos cálculos a seguir.

Para o cálculo da dupla distância meridiana do primeiro lado a partir do ponto mais a oeste (lado 14-15), considera-se a dupla distância meridiana do lado anterior como zero e a abscissa do lado anterior também como zero.

Procura do ponto mais a oeste:

| estaca | X |
|---|---|
| 1 | 0 |
|   | 18 |
| 2 | 18 |
|   | +22 |
| 3 | 40 |
|   | −2 |
| 4 | 38 |
|   | +24 |
| 5 | 62 |
|   | −10 |
| 6 | 52 |
|   | −19 |
| 7 | 33 |
|   | −18 |
| 8 | 15 |
|   | −21 |
| 9 | −6 |
|   | −14 |
| 10 | −20 |
|   | +8 |
| 11 | −12 |
|   | −25 |
| 12 | −37 |
|   | −5 |
| 13 | −42 |
|   | −16 |
| 14* | −58 |
|   | +15 |
| 15 | −43 |
|   | +11 |
| 16 | −32 |
|   | +15 |
| 17 | −17 |
|   | +17 |
| 1 | 0 |

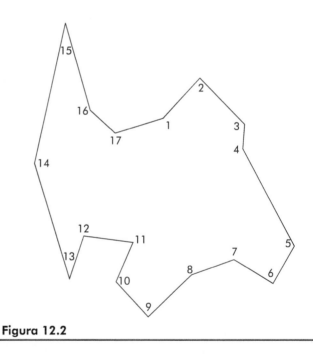

**Figura 12.2**

O ponto mais a oeste encontrado é a estaca 14 porque tem maior valor negativo. Fizemos, portanto, o cálculo das duplas distâncias meridianas a partir da linha 14-15. Se desenharmos o polígono, tal como na Figura 12.2, iremos constatar que, de fato, o ponto 14 é aquele que se encontra mais à esquerda, portanto mais a oeste.

## COORDENADAS TOTAIS (coordenada dos vértices)

*Cálculo de área de poligonal fechada pelo método das coordenadas dos vértices (coordenadas totais).*

Dedução da fórmula:

Na Figura 12.3, as distâncias 1'-1, 2-2, 3'3, 4'4 e 5'5 são as abscissas totais dos pontos, e as distâncias 1-A, 2-B, 3-C, 4-D e 5-E são as ordenadas totais dos mesmos pontos.

Área do polígono:

A = área 2'211' + área 1'155' + área 5'544 − área 4'433' − área 3'322'; mas a área

$$2'211' = \frac{X_2 + X_1}{2}(Y_2 - Y_1)$$

e assim também as outras, portanto:

$$A = \frac{X_2 + X_1}{2}(Y_2 - Y_1) + \frac{X_1 + X_5}{2}(Y_1 - Y_5) + \frac{X_5 + X_4}{2}(Y_5 - Y_4) - \frac{X_4 + X_3}{2}(Y_3 - Y_4) - \frac{X_3 + X_2}{2}(Y_2 - Y_3).$$

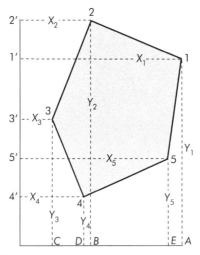

**Figura 12.3**

Efetuando os produtos:

$$2A = X_2Y_2 - X_2Y_1 + X_1Y_2 - X_1Y_1 + X_1Y_1 - X_1Y_5 + X_5Y_1 - X_5Y_5 + X_5Y_5 - X_5Y_4 + X_4Y_5 - X_4Y_4 - X_4Y_3 + X_4Y_4 - X_3Y_3 + X_3Y_4 - X_3Y_2 + X_3Y_3 - X_2Y_2 + X_2Y_3.$$

Simplificando e agrupando os termos positivos de um lado e os negativos de outro:

$$2A = (X_1Y_2 + X_5Y_1 + X_4Y_5 + X_3Y_4 + X_2Y_3) - (X_2Y_1 + X_1Y_5 + X_5Y_4 - X_4Y_3 + X_3Y_2).$$

Se observarmos, podemos ver que os termos que se agrupam nos produtos positivos são aqueles que têm o Y da estaca seguinte ao X, enquanto que os termos negativos são os que têm o Y da estaca anterior ao X.

# Cálculo de área de polígono

Podemos, então, aplicar a seguinte regra prática:

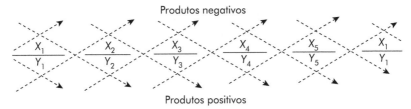

Arrumam-se os valores $X$ e $Y$ em forma de fração pela ordem das estacas; no último termo, repete-se o primeiro; efetuam-se os produtos em diagonal; num dos sentidos os produtos não terão sinal alterado, enquanto que no outro sentido sim, por exemplo, o produto $X_2Y_3$ permanece com o sinal que tem, enquanto que o produto $X_3Y_2$ terá sinal trocado, ou seja, dando positivo ficará negativo, dando negativo ficará positivo. A área será a soma total (soma algébrica) dividida por 2.

**EXERCÍCIO 12.3** Vamos aplicar este método para encontrar a área d mesmo polígono da Figura 12.1.

Sabendo-se que o ponto mais a oeste é a estaca 7, calculamos as coordenadas totais a partir dela (Tabela 12.3).

**Tabela 12.3**

| Estaca | X | Y |
|---|---|---|
| 7 | 0 | 0 |
|   | 3 | −3 |
| 8 | 3 | −3 |
|   | −2 | −6 |
| 9 | 1 | −9 |
|   | 3 | 1 |
| 10 | 4 | −8 |
|   | −1 | −7 |
| 11 | 3 | −15 |
|   | 11 | −3 |
| 12 | 14 | −18 |
|   | −2 | 6 |
| 1 | 12 | −12 |
|   | 2 | 6 |
| 2 | 14 | −6 |
|   | 4 | 5 |
| 3 | 18 | −1 |
|   | −6 | 3 |
| 4 | 12 | +2 |
|   | −2 | −3 |
| 5 | 10 | −1 |
|   | −1 | 7 |
| 6 | 9 | +6 |
|   | −9 | −6 |
| 7 | 0 | 0 |

Aplicando a regra prática, temos:

$$\frac{0}{0} \; \frac{3}{-3} \; \frac{1}{-9} \; \frac{4}{-8} \; \frac{3}{-15} \; \frac{14}{-18} \; \frac{12}{-12} \; \frac{14}{-6} \; \frac{18}{-1} \; \frac{12}{+2} \; \frac{10}{-1} \; \frac{9}{+6} \; \frac{0}{0}$$

Produtos que não mudam de sinal:

$0 \times (-3) = 0$
$3 \times (-9) = -27$
$1 \times (-8) = -8$
$4 \times (-15) = -60$
$3 \times (-18) = -54$
$14 \times (-12) = -168$
$12 \times (-6) = -72$
$14 \times (-1) = -14$
$18 \times 2 = +36$
$12 \times (-1) = -12$
$10 \times 6 = +60$
$9 \times 0 = 0$

Produtos que mudam de sinal:

$3 \times 0 = 0 \rightarrow 0$
$1 \times -3 = -3 \rightarrow +3$
$4 \times -9 = -36 \rightarrow +36$
$3 \times -8 = -24 \rightarrow +24$
$14 \times -15 = -210 \rightarrow +210$
$12 \times -18 = -216 \rightarrow +216$
$14 \times -2 = -168 \rightarrow +168$
$18 \times -6 = -108 \rightarrow +108$
$12 \times -1 = -12 \rightarrow +12$
$10 \times 2 = 20 \rightarrow -20$
$9 \times -1 = -9 \rightarrow +9$
$0 \times 6 = 0 \rightarrow 0$

| Positivos | Negativos |
|---|---|
| 36 | 27 |
| 60 | 8 |
| 3 | 60 |
| 36 | 54 |
| 24 | 168 |
| 210 | 72 |
| 216 | 14 |
| 168 | 12 |
| 108 | 20 |
| 12 | 435 |
| 9 | |
| 882 | |

$$A = \frac{882 - 435}{2} = 223,5 \; u^2$$

Poderemos aplicar este método em planilha.

Na planilha, representada pela Tabela 12.4, chamamos de produto *mesmo sinal* àqueles que não mudam de sinal e de produtos *sinal trocado* àqueles que devem mudar de sinal. As setas indicam o caminho seguido pelos valores, o valor $X_1 = 12$ foi multiplicado por $Y_2 = -6$ sendo o produto (–72) colocado na coluna *mesmo sinal* etc.

## Tabela 12.4

| Estaca | Coordenadas parciais x E | Coordenadas parciais x W | Coordenadas parciais y N | Coordenadas parciais y S | Coords. totais X | Coords. totais Y | Produtos mesmo sinal | Produtos sinal trocado | Produtos (+) | Produtos (−) |
|---|---|---|---|---|---|---|---|---|---|---|
| 1 |   |   |   |   | 12 | −12 |   |   |   |   |
|   |   | 2 |   | 6 |   |   | 12 × −6 = −72 | 14 × −12 = −168 | 168 | 72 |
| 2 |   |   |   |   | 14 | −6 |   |   |   |   |
|   | 4 |   |   | 5 |   |   | 14 × −1 = −14 | 18 × −6 = −108 | 108 | 14 |
| 3 |   |   |   |   | 18 | −1 |   |   |   |   |
|   |   | 6 | 3 |   |   |   | 18 × 2 = +36 | 12 × −1 = −12 | 36 | 12 |
| 4 |   |   |   |   | 12 | +2 |   |   |   |   |
|   |   | 2 |   | 3 |   |   | 12 × −1 = −12 | 10 × 2 = +20 | 12 | 20 |
| 5 |   |   |   |   | 10 | −1 |   |   |   |   |
|   |   | 1 | 7 |   |   |   | 10 × 6 = +60 | 9 × −1 = −9 | 60 | 9 |
| 6 |   |   |   |   | 9 | +6 |   |   |   |   |
|   |   | 9 |   | 6 |   |   | 9 × 0 = 0 | 0 × 6 = 0 |   |   |
| 7 |   |   |   |   | 0 | 0 |   |   |   |   |
|   | 3 |   |   | 3 |   |   | 0 × −3 = 0 | 3 × 0 = 0 |   |   |
| 8 |   |   |   |   | 3 | −3 |   |   |   |   |
|   |   | 2 |   | 6 |   |   | 3 × −9 = −27 | 1 × −3 = −3 | 3 | 27 |
| 9 |   |   |   |   | 1 | −9 |   |   |   |   |
|   | 3 |   | 1 |   |   |   | 1 × −8 = −8 | 4 × −9 = −36 | 36 | 8 |
| 10 |   |   |   |   | 4 | −8 |   |   |   |   |
|   |   | 1 |   | 7 |   |   | 4 × −15 = −60 | 3 × −8 = −24 | 24 | 60 |
| 11 |   |   |   |   | 3 | −15 |   |   |   |   |
|   | 11 |   |   | 3 |   |   | 3 × −18 = −54 | 14 × −15 = −210 | 210 | 54 |
| 12 |   |   |   |   | 14 | −18 |   |   |   |   |
|   |   | 2 | 6 |   |   |   | 14 × −12 = −168 | 12 × 18 = −216 | 216 | 168 |
| 1 |   |   |   |   | 12 | −12 |   |   |   |   |
|   |   |   |   |   |   |   |   | Soma | 882 | 435 |

$$A = \frac{882 - 435}{2} = 223{,}5 \; u^2$$

Faremos a seguir, como segundo exemplo da aplicação do método das coordenadas dos vértices, o mesmo Exemplo 12.2, feito pelo método das duplas distâncias meridianas.

Calculamos as coordenadas totais a partir da estaca 14 (ponto mais a oeste):

| estaca | X | Y | | estaca | X | Y |
|---|---|---|---|---|---|---|
| 14 | 0 | 0 | | 6 | 110 | −57 |
| | 15 | 65 | | | −19 | +10 |
| 15 | 15 | 65 | | 7 | 91 | −47 |
| | 11 | −41 | | | −18 | −6 |
| 16 | 26 | 24 | | 8 | 73 | −53 |
| | 15 | −11 | | | −21 | −19 |
| 17 | 41 | 13 | | 9 | 52 | −72 |
| | 17 | 6 | | | −14 | +16 |
| 1 | 58 | 19 | | 10 | 38 | −56 |
| | 18 | 18 | | | +8 | +18 |
| 2 | 76 | 37 | | 11 | 46 | −38 |
| | 22 | −22 | | | −25 | +4 |
| 3 | 98 | 15 | | 12 | 21 | −34 |
| | −2 | −10 | | | −5 | −21 |
| 4 | 96 | 5 | | 13 | 16 | −55 |
| | 24 | −46 | | | −16 | +55 |
| 5 | 120 | −41 | | 14 | 0 | 0 |
| | −10 | −16 | | | | |
| 6 | 110 | −57 | | | | |

Com a aplicação da regra prática, temos:

*trocar sinal*

$$\frac{0 \quad 15 \quad 26 \quad 41 \quad 58 \quad 76 \quad 98 \quad 96 \quad 120 \quad 110 \quad 91 \quad 73 \quad 52 \quad 38 \quad 46 \quad 21 \quad 16 \quad 0}{0 \quad 65 \quad 24 \quad 13 \quad 19 \quad 37 \quad 15 \quad 5 \quad -41 \quad -57 \quad -47 \quad -53 \quad -72 \quad 56 \quad -38 \quad -34 \quad 55 \quad 0}$$

*mesmo sinal*

*Produtos mesmo sinal*

| | | | |
|---|---|---|---|
| 0 × | 65 | = | 0 |
| 15 × | 24 | = | 360 |
| 26 × | 13 | = | 338 |
| 41 × | 19 | = | 779 |
| 58 × | 37 | = | 2 146 |
| 76 × | 15 | = | 1 140 |
| 98 × | 5 | = | 490 |
| 96 × | −41 | = | −3 936 |
| 120 × | −57 | = | −6 840 |
| 110 × | −47 | = | −5 170 |
| 91 × | −53 | = | −4 823 |
| 73 × | −72 | = | −5 256 |
| 52 × | −56 | = | −2 912 |
| 38 × | −38 | = | −1 444 |
| 46 × | −34 | = | −1 564 |
| 21 × | −55 | = | −1 155 |
| 16 × | 0 | = | 0 |

*Produtos trocar sinal*

| | | | |
|---|---|---|---|
| 15 × | 0 | = | 0 |
| 26 × | 65 | = | 1690 |
| 41 × | 24 | = | 984 |
| 58 × | 13 | = | 754 |
| 76 × | 19 | = | 1 444 |
| 98 × | 37 | = | 3 626 |
| 96 × | 15 | = | 1 440 |
| 120 × | 5 | = | 600 |
| 110 × | −41 | = | 4 510 |
| 91 × | −57 | = | −5 187 |
| 73 × | −47 | = | −3 431 |
| 52 × | −53 | = | −2 756 |
| 38 × | −72 | = | −2 736 |
| 46 × | −56 | = | −2 576 |
| 21 × | −38 | = | 798 |
| 16 × | −34 | = | −544 |
| 0 × | −55 | = | 0 |

Cálculo de área de polígono

**Tabela 12.5**

| Estaca | Coordenadas parciais x E | Coordenadas parciais x W | Coordenadas parciais y N | Coordenadas parciais y S | Coords. totais X | Coords. totais Y | Produtos mesmo sinal | Produtos sinal trocado | Produtos (+) | Produtos (-) |
|---|---|---|---|---|---|---|---|---|---|---|
| 1 | | | | | 58 | 19 | | | | |
| | 18 | | 18 | | | | 58 × 37 = 2 146 | 76 × 19 = 1 444 | 2 146 | 1 444 |
| 2 | | | | | 76 | 37 | | | | |
| | 22 | | 22 | | | | 76 × 15 = 1 140 | 98 × 37 = 3 626 | 1 140 | 3 626 |
| 3 | | | | | 98 | 15 | | | | |
| | | 2 | | 10 | | | 98 × 5 = 490 | 96 × 15 = 1440 | 490 | 1 440 |
| 4 | | | | | 96 | 5 | | | | |
| | 24 | | | 46 | | | 96 × –41 = 3 936 | 120 × 5 = 600 | | 3 936 600 |
| 5 | | | | | 120 | –41 | | | | |
| | | 10 | | 16 | | | 20 × 57 = –6 840 | 110 × –41 = –4 510 | 0 | 6 840 |
| 6 | | | | | 110 | –57 | | | | |
| | | 19 | 10 | | | | 10 × 47 = –5 170 | 91 × –57 = –5 187 | 5 187 | 5 170 |
| 7 | | | | | 91 | –47 | | | | |
| | | 18 | 6 | | | | 91 × –53 = 4823 | 73 × –47 = –3 431 | 3 431 | 4 823 |
| 8 | | | | | 73 | –53 | | | | |
| | | 21 | 19 | | | | 73 × –72 = –5 256 | 52 × –53 = –2 756 | 2 756 | 5 256 |
| 9 | | | | | 52 | –72 | | | | |
| | | 14 | 16 | | | | 52 × 56 = –2912 | 38 × –72 = –2 736 | 2 736 | 2 912 |
| 10 | | | | | 38 | –56 | | | | |
| | 8 | | 18 | | | | 38 × 38 = –1 444 | 46 × –56 = –2 576 | 2 576 | 1 444 |
| 11 | | | | | 46 | –38 | | | | |
| | | 25 | 4 | | | | 46 × –34 = –1 564 | 21 × –38 = –798 | 798 | 1 564 |
| 12 | | | | | 21 | –34 | | | | |
| | | 5 | 21 | | | | 21 × –55 = –1 155 | 16 × –34 = –544 | 544 | 1 155 |
| 13 | | | | | 16 | –55 | | | | |
| | | 16 | 55 | | | | 16 × 0 = 0 | 0 × 55 = 0 | 0 | 0 |
| 14 | | | | | 0 | 0 | | | | |
| | 15 | | 65 | | | | 0 × 65 = 0 | 15 × 0 = 0 | 0 | 0 |
| 15 | | | | | 16 | 65 | | | | |
| | 11 | | | 41 | | | 15 × 24 = 360 | 26 × 65 = 1 690 | 360 | 1 690 |
| 16 | | | | | 26 | 24 | | | | |
| | 15 | | | 11 | | | 26 × 13 = 338 | 41 × 24 = 984 | 338 | 984 |
| 17 | | | | | 41 | 13 | | | | |
| | 17 | | 6 | | | | 41 × 19 = 779 | 58 × 13 = 754 | 779 | 754 |
| 1 | | | | | 58 | 19 | | | | |
| | 130 | 130 | 192 | 192 | | | | | 27 791 | 43 638 |

$$A = \frac{43\,638 - 27\,791}{2} = 7\,923{,}5\ u^2$$

O fato de tomarmos como origem das coordenadas totais o ponto mais a oeste (estaca 14), facilita os cálculos evitando também enganos, porque todos os valores $X$ são positivos (evita-se assim mais uma complicação de sinal, entre as outras já existentes).

Temos, então, o cálculo da área:

$$A = \frac{16\ 421 - 574}{2} = 7\ 923,5\ u^2$$

Outro modo de aplicar o método das coordenadas dos vértices em planilha de cálculo é o que mostramos a seguir. Toda ordenada $Y$ é multiplicada pelo $X$ da estaca anterior, com sinal positivo, e com o $X$ da estaca posterior, com sinal negativo:

$$\frac{X_1}{Y_1}\ \frac{X_2}{Y_2}\ \frac{X_3}{Y_3}\ \frac{X_4}{Y_4}\ \frac{X_s}{Y_s}\ldots;$$

portanto temos

$$\ldots + Y_3 X_2 - Y_3 X_4 + \ldots,$$

$$\therefore + Y_3 (X_2 - X_4).$$

Assim num polígono de 6 vértices teremos:

$$2A = Y_2(X_1 - X_3) + Y_3(X_2 - X_4) + Y_4(X_3 - X_5) + Y_5(X_4 - X_6) + Y_6(X_5 - X_1) + X_1(X_6 - X_2).$$

Com base nisto, aplicamos na planilha, representada pela Tabela 12.6, o mesmo exemplo anterior.

A coluna $X$ Seguinte – $X$ Anterior é preparada antes de efetuarmos os produtos, para facilitar e para evitar enganos.

Repetimos, no começo, a última estaca (17) e, no fim, a primeira estaca (1) para facilitar o cálculo de $X_{17} - X_2$ e de $X_{16} - X_1$.

| Positivos | Negativos |
|---:|---:|
| 360 | 3 936 |
| 338 | 6 840 |
| 779 | 5 170 |
| 2 146 | 4 823 |
| 1140 | 5 256 |
| 490 | 2 912 |
| 4 510 | 1 444 |
| 5 187 | 1 564 |
| 3 431 | 1 155 |
| 2 756 | 1 690 |
| 2 736 | 984 |
| 2 576 | 754 |
| 798 | 1 444 |
| 544 | 3 626 |
| 27 791 | 1 440 |
|  | 600 |
|  | 43 638 |

$$\text{Área} = \frac{43\ 638 - 27\ 791}{2} = \frac{15\ 847}{2} = 7\ 923,5\ u^2$$

Estes mesmos cálculos anteriores aparecem agora feitos na planilha, conforme nos mostra a Tabela 12.5.

Tabela 12.6

| Estaca | Coordenadas totais X | Coordenadas totais Y | X Seguinte − X Anterior ($X_s$) | ($X_a$) | Produtos positivos ( + ) $Y(X_s - X_a)$ | | Produtos negativos (−) $Y(X_s - X_a)$ | |
|---|---|---|---|---|---|---|---|---|
| 17 | 41 | 13 | | | | | | |
| 1 | 58 | 19 | 76 − 41 | +35 | 19 × 35 | 665 | | |
| 2 | 76 | 37 | 98 − 58 | +40 | 37 × 40 | 1480 | | |
| 3 | 98 | 15 | 96 − 76 | +20 | 15 × 20 | 300 | | |
| 4 | 96 | 5 | 120 − 98 | +22 | 5 × 22 | 110 | | |
| 5 | 120 | −41 | 110 − 96 | +14 | | | 41 × 14 | 574 |
| 6 | 110 | −57 | 91 − 120 | −29 | 57 × 29 | 1653 | | |
| 7 | 91 | −47 | 73 − 110 | −37 | 47 × 37 | 1739 | | |
| 8 | 73 | −53 | 52 − 91 | −39 | 53 × 39 | 2067 | | |
| 9 | 52 | −72 | 38 − 73 | −35 | 72 × 35 | 2520 | | |
| 10 | 38 | −56 | 46 − 52 | −6 | 56 × 6 | 336 | | |
| 11 | 46 | −38 | 21 − 38 | −17 | 38 × 17 | 646 | | |
| 12 | 21 | −34 | 16 − 46 | −30 | 34 × 30 | 1020 | | |
| 13 | 16 | −55 | 0 − 21 | −21 | 55 × 21 | 1155 | | |
| 14 | 0 | 0 | 15 − 16 | −1 | | | | |
| 15 | 15 | 65 | 26 − 0 | +26 | 65 × 26 | 1690 | | |
| 16 | 26 | 24 | 41 − 15 | +26 | 24 × 26 | 924 | | |
| 17 | 41 | 13 | 58 − 26 | +32 | 13 × 32 | 416 | | |
| 1 | 58 | 19 | | | | | | |
| | | | | | Σ = | 16 421 | Σ = | 574 |

$$A = \frac{16\,421 - 574}{2} = 7\,923,5\ u^2$$

# 13
# Poligonais secundárias, cálculo analítico de lados de poligonais

## POLIGONAIS SECUNDÁRIAS

Constatamos, em capítulo anterior, a necessidade do emprego de poligonais secundárias, além da principal, no levantamento de áreas relativamente grandes. Já que a poligonal principal deve acompanhar os limites da gleba, os detalhes internos necessitam das poligonais secundárias para serem amarrados. Este capítulo abordará o cálculo e ajuste das poligonais secundárias.

## PROCEDIMENTO NO CAMPO

Depois de escolhidas as estacas $A_1$, $A_2$ (Figura 13.1) etc., que formam a poligonal A, ligando a estaca 19 até 7, ambas da poligonal principal, os valores a serem medidos são ângulos e distâncias; deve-se observar, porém, que é indispensável a medida dos ângulos na estaca 19 e na estaca 7 para ser feita a verificação do erro de fechamento angular (ou seja os ângulos 18-19-$A_1$, e $A_6$-7-8). Para não criar complicações que comumente levam a enganos, devemos medir os ângulos da poligonal secundária do mesmo sentido (horário ou anti-horário) dos que foram medidos na poligonal principal.

## CÁLCULO E AJUSTE DA POLIGONAL

Não devemos esquecer que o cálculo e ajuste da poligonal principal deve estar completo antes de iniciarmos o cálculo da secundária. Por isso, lembramos que todas as linhas da principal já têm o seu rumo definitivo e todas as estacas já têm coordenadas totais $(X, Y)$ também definitivas.

### 1. Cálculo do erro de fechamento angular pelos rumos calculados

Partindo do rumo definitivo do lado 18-19, com os ângulos medidos, devemos calcular sucessivamente os rumos de 19-$A_1$, $A_1$-$A_2$, $A_2A_3$ etc... até calcularmos o rumo de 7-8. Compara-se este rumo calculado com o rumo definitivo (já conhecido) da mesma linha. A diferença entre os dois é *o erro de fechamento angular*.

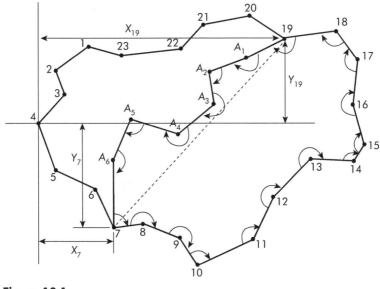

**Figura 13.1**

## 2. Cálculo do mesmo erro de fechamento angular pela somatória dos ângulos internos

Verificando-se que a poligonal secundária juntamente com o trecho da principal que vai da estaca 7 até a 19 constitui um polígono, basta somar todos os ângulos internos e comparar esta soma com o valor $(n - 2)180°$; a diferença será o mesmo erro de fechamento angular já calculado no item 1. No caso em exemplo, $n = 19$, portanto $(n - 2)180 = 3\,060°$ ($n$ é o número de vértices ou de lados do polígono).

## 3. Distribuição do erro de fechamento angular

Levando-se em conta que todos os ângulos da poligonal principal já foram ajustados, o erro de fechamento angular deve ser distribuído unicamente nos ângulos da poligonal secundária, $19, A_1, A_2, A_2, A_3, A_5, A_6$ e 7, Assim teremos os rumos definitivos de seus lados.

## 4. Cálculo das coordenadas parciais (x, y) dos lados da poligonal secundária

Aplicando as fórmulas já conhecidas:

$$x = l \text{ sen rumo} \qquad e \qquad y = l \cos \text{rumo}$$

(onde $l$ é o comprimento do lado), calcularemos todos os valores $x$ e $y$ dos lados.

## 5. Cálculo do erro de fechamento linear

Para discussão deste item será melhor usar-se exemplo numérico. Baseando-se na figura 1, supõem-se que os valores de $x, y$ (coordenadas parciais) sejam os valores constantes na Tabela 13.1. A poligonal principal tem como origem a estaca 4 (ponto mais a oeste). As coordenadas totais (X, Y) das estacas 19 e 7 já são conhecidas; supõem-se:

$$X_{19} = 109, \qquad X_7 = 36,$$

$$Y_{19} = 38, \qquad Y_7 = -43.$$

**Tabela 13.1**

| Linha | Coordenadas parciais ||||
|---|---|---|---|---|
| | x || y ||
| | E | W | N | S |
| 19-$A_1$ | | 17 | | 9 |
| $A_1$-$A_2$ | | 16 | | 5 |
| $A_2$-$A_3$ | 2 | | | 15 |
| $A_3$-$A_4$ | | 15 | | 12 |
| $A_4$-$A_5$ | | 20 | 6 | |
| $A_5$-$A_6$ | | 8 | | 17 |
| $A_6$-7 | 3 | | | 28 |
| Sub-total | 5 | 76 | 6 | 86 |
| 7-19 | 73 | | 81 | |
| Total | 78 | 76 | 87 | 86 |
| | $e_x = 2$ || $e_y = 1$ ||

Calculam-se as coordenadas parciais do lado imaginário 7-19:

$$X_{7-19} = X_{19} - X_7 = 109 - 36 = 73 \text{ (E)},$$

$$Y_{7-19} = Y_{19} - Y_7 = 38 - (-43) = +81 \text{ (N)}.$$

A abscissa parcial de um lado é igual a abscissa total da estaca final menos a abscissa total da estaca inicial; a mesma fórmula é aplicada para a ordenada parcial.

No exemplo, o lado 7-19 substitui os lados da poligonal principal 7-8, 8-9 etc. até 18-19, simplificando os cálculos.

$$e_x = 2 \text{ é o erro nas abscissas,}$$

$$e_y = 1 \text{ é o erro nas ordenadas.}$$

O erro de fechamento

$$E_f = \sqrt{e_x^2 + e_y^2},$$

$$E_f = \sqrt{5}$$

$E_f$ é o erro de fechamento linear absoluto. Para se calcular o erro de fechamento linear relativo devemos comparar o valor $E_f$ com a somatória dos comprimentos dos lados, porém somente dos lados da poligonal secundária, já que a poligonal principal é imutável.

$$M = \frac{\Sigma l}{E_f},$$

onde
$M =$ o erro de fechamento linear relativo,
$\Sigma l =$ somatória dos comprimentos dos lados *somente* da poligonal secundária.

Geralmente a tolerância é maior para os erros de fechamento das poligonais secundárias, dobrando-se os seus limites; por exemplo,

limite do erro linear na poligonal principal : 1 : 1 000,

limite do erro linear nas poligonais secundárias : 1 :500.

Desde que o erro esteja dentro de limite aceitável será distribuído nas próprias coordenadas parciais por processo igual ao da poligonal principal.

## 6. Distribuição do erro de fechamento linear das poligonais secundárias

Seguindo-se o mesmo esquema da poligonal principal, usa-se um dos dois processos de distribuição: a) proporcional ao comprimento dos lados; b) proporcional às próprias coordenadas parciais.

a) $C_{x_{19}-A_1} = l_{19-A_1} \dfrac{e_x}{\Sigma l}, \quad C_{x_{19}-A_1} = l_{19-A_1} \dfrac{e_y}{\Sigma l};$

b) $C_{x_{19}-A_1} = l_{19-A_1} \dfrac{e_x}{\Sigma x}, \quad C_{x_{19}-A_1} = y_{19-A_1} \dfrac{e_y}{\Sigma y}.$

Pela facilidade dos dados a disposição (Tabela 13.1), exemplificamos com as fórmulas b.

$$C_{x_{19}-A_1} = 17 \frac{2}{5+76} = \frac{34}{81} = 0{,}42,$$

$$C_{y_{19}-A_1} = 9 \frac{1}{6+86} = \frac{9}{92} = 0{,}10.$$

A somatória de $x(\Sigma x)$ *não* inclui o lado 7-19 (73) porque este não será alterado. O mesmo raciocínio para a somatória de $y(\Sigma y)$ que também não inclui o valor do lado 7-19 (81) porque este valor também não será alterado.

O valor corrigido de $x_{19-A1} = 17 + 0{,}42 = 17{,}42$.

O valor corrigido de $y_{19-A1} = 9 + 0{,}10 = 9{,}10$.

As correções, em ambos os valores, foram positivas porque o que se objetiva é a igualdade na soma total (78-76) e (87-86), e os valores corrigidos estavam nas colunas menores (76 e 86).

# CÁLCULO ANALÍTICO DE LADOS DE POLIGONAIS
(rumos e comprimento)

1ª *hipótese*. Cálculo do rumo e comprimento do mesmo lado

Quando se quer calcular o comprimento e o rumo do lado 9-10 (Figura 13.2) em função de valores conhecidos dos demais lados do polígono, o procedimento será o seguinte:

a) com os rumos e os comprimentos de todos os demais lados calcularemos as coordenadas parciais $x$ e $y$;

b) conhecidas as coordenadas parciais $x$ e $y$ de todos os lados, exceto do lado 9-10, calcularemos as coordenadas totais $X$ e $Y$ de todos os vértices incluindo 9 e 10;

c) a abscissa parcial $x$ do lado 9-10 será

$$x_{9-10} = X_{10} - X_9,$$

e a ordenada parcial $y$ será

$$y_{9-10} = Y_{10} - Y_9;$$

d) a seguir teremos, por Pitágoras.

$$l_{9-10} = \sqrt{x_{9-10}^2 - y_{9-10}^2};$$

e) o rumo do lado 9-10 será calculado por

$$\text{arc tg rumo } 9-10 = \frac{x_{9-10}}{y_{9-10}},$$

determinando-se assim o rumo de 9-10. Verifica-se que com esse procedimento, o lado 9-10 absorve a totalidade dos erros angulares e lineares do polígono. Portanto esse processo tem valor reduzido na prática, sendo aplicado apenas como solução de emergência.

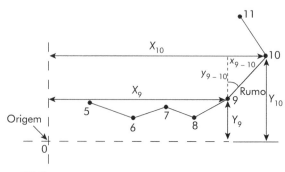

**Figura 13.2**

Considerando que os cálculos de coordenadas parciais e totais já foram vistos em outros capítulos, mostraremos um exemplo, a partir das coordenadas totais já calculadas.

## Poligonais secundárias, cálculo analítico de lados de poligonais

**EXEMPLO 13.1** Calcular o rumo e o comprimento do lado 20-21 (Figura 13.3), sabendo:

$$X_{20} = 422, X_{21} = 346, Y_{20} = -12, Y_{21} = +34;$$

$$X_{20-21} = X_{21} - X_{20} = 346 - 422 = -76 \text{ ou } x_{20-21} = 76 \text{ W};$$

$$y_{20-21} = Y_{21} - Y_{20} = 34-(-12) = +46 \text{ ou } y_{20-21} = 46 \text{ N}.$$

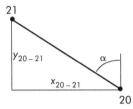

**Figura 13.3**

Assim:

$$l_{20-21} = \sqrt{76^2 + 46^2} = 88,84 \text{ m},$$

$$\text{tg } \alpha = \frac{76}{46} = 1,6521733;$$

portanto

$$\alpha = 58° \ 49'$$

*Resposta:* o comprimento do lado é 88,84 m, o rumo do lado é N 58° 49' W.

2ª *hipótese.* Cálculo do comprimento de um lado e o rumo do lado adjacente, supondo os demais comprimentos e rumos conhecidos.

Queremos calcular o rumo do lado 4-5 (Figura 13.4), do qual já sabemos o comprimento, e calcular o comprimento do lado 5-6, do qual já temos o rumo; o procedimento será então:

a) depois de termos calculado as coordenadas totais $X$ e $Y$ de todos os vértices, exceto do 5, calculamos as coordenadas parciais $x$ e $y$ do lado fictício 4-6;
b) em seguida, calculamos seu comprimento e seu rumo;
c) já que os rumos de 4-6 e também de 5-6 são conhecidos, calculamos o ângulo $\beta$(4-6-5) com vértice em 6;
d) verifica-se, agora, que o triângulo 4-5-6 está determinado porque dele são conhecidos dois lados (4-6 e 4-5) e um ângulo ($\beta$). Por resolução de triângulos, calculamos o lado 5-6 e o ângulo $\gamma$ com vértice em 4;
e) conhecido o ângulo $\gamma$ e o rumo de 4-6, calcula-se o rumo de 4-5.

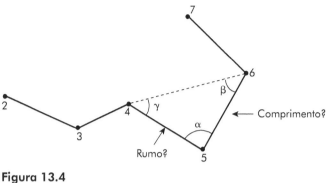

**Figura 13.4**

3.ª *hipótese*. Cálculo do comprimento de um lado e o rumo de outro lado *não* adjacente, supondo os demais comprimentos e rumos conhecidos.

São desconhecidos o comprimento de 13-14 e o rumo de 15-16 (Figura 13.5).

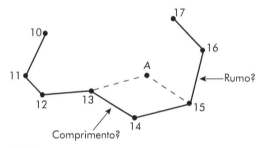

**Figura 13.5**

O procedimento será:
a) Transportamos o lado 14-15, totalmente conhecido, para o lado 13-*A*; o lado 13-*A* terá, portanto, o mesmo comprimento e o mesmo rumo do lado 14-15; logicamente, o lado *A*-15 terá o mesmo comprimento e o mesmo rumo do lado 13-14.
b) Desta forma, esta terceira hipótese foi transformada na 2.ª hipótese, cuja solução foi apontada anteriormente.

*Conclusão*. Não devemos esquecer que estas soluções, se bem que engenhosas, têm reduzido valor prático, porque se as usássemos em cálculo de poligonais, ficaríamos sem saber as dimensões dos erros angulares e dos erros lineares de fechamento. Estes erros seriam lançados nos valores dos rumos e dos comprimentos calculados.

# 14
## Áreas extrapoligonais

Quando escolhemos os pontos de uma poligonal para levantamento de uma propriedade, procuramos acompanhar seus limites com a maior proximidade possível; no entanto, não podemos estabelecer a poligonal exatamente no limite, pois as divisas poderão ser cercas de arame, córregos, estradas etc.

Podemos ver, pela Figura 14.1, que a área final da propriedade será a área da poligonal acrescida da somatória das áreas extrapoligonais positivas e diminuída da somatória das áreas extrapoligonais negativas.

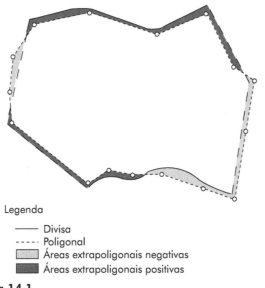

Legenda
— Divisa
---- Poligonal
▭ Áreas extrapoligonais negativas
▮ Áreas extrapoligonais positivas

**Figura 14.1**

Lembramos que o processo usual de amarração da linha limítrofe na reta da poligonal é o de medirmos o afastamento perpendicularmente; de 20 em 20 m ou de 10 em 10 m; podemos completar o levantamento, triangulando os pontos importantes da divisa.

A Figura 14.2 mostra o levantamento da divisa amarrada à linha 1-2 da poligonal. De 1 para 2, a linha foi medida de 20 em 20 m, sendo que na extremidade de cada medida foram levantadas perpendiculares e medidas as distâncias $y_1$, $y_2$, $y_3$ até $y_8$. As perpendiculares foram obtidas por avaliação sem instrumento, pois, caso contrário, gastaríamos muito tempo. O erro resultante pode ser considerado de pouco valor.

O ponto A da divisa é um ponto importante porque nele o limite mudou de direção e, por isso, foi levantado por triangulação. O procedimento foi: no prolongamento de 2-1 marcou-se o ponto B e mediram-se as distâncias $m$, $n$ e $p$ amarrando assim com precisão o ponto A.

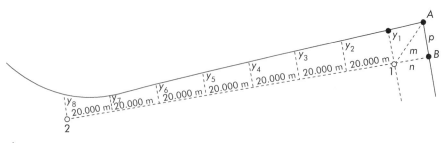

**Figura 14.2**

O processo de medida por perpendiculares sem instrumento não pode ser aplicado nos casos era que a poligonal foge muito da divisa, pois os erros passariam a ser grosseiros. Nesses casos, devemos usar o taqueômetro para obter, por irradiação taqueométrica, os pontos importantes da divisa.

## CÁLCULO DAS ÁREAS EXTRAPOLIGONAIS

Os métodos mais usados para avaliação das áreas extrapoligonais podem ser divididos em analíticos, gráficos e mecânicos.

Entre os métodos analíticos, temos as fórmulas dos trapézios (Bezout) de Simpson e de Poncelet. Entre os gráficos, temos o método da subdivisão das áreas em figuras geométricas de fácil aplicação de fórmula, para cálculo de área; e o de maior importância, a nosso ver, que é a aplicação gráfica da fórmula dos trapézios (Bezout) com auxílio de papel milimetrado.

O emprego do planímetro é a solução mecânica.

## MÉTODOS ANALÍTICOS

### a) Fórmula dos trapézios ou de Bezout.

Supomos uma sucessão de trapézios, todos com a mesma altura $d$ (Figura 14.3).

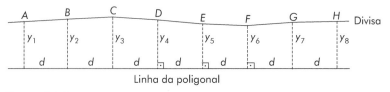

**Figura 14.3**

A área calculada pela fórmula de Bezout ($S_B$) ou dos trapézios será:

$$S_B = \frac{y_1+y_2}{2}d + \frac{y_2+y_3}{2}d + \frac{y_3+y_4}{2} + \cdots + \frac{y_6+y_7}{2}d + \frac{y_7+y_8}{2}d,$$

pondo em evidência $d/2$,

$$S_B = d/2\,(y_1 + 2y_2 + 2y_3 + \ldots + 2y_7 + y_8).$$

*Resumindo*:

$$S_B = \frac{d}{2}(E + 2M),$$

ou seja, a área total é igual a $d/2$ multiplicada pela somatória dos $y_s$, sendo que os dos extremos (E), primeiro e último, somados uma vez e os $y_s$ do meio (M) somados duas vezes. A aproximação prática está no fato de supormos que os pontos $A$, $B$, $C$, $D$ etc., são ligados por retas, o que não é rigorosamente exato. Esta fórmula é de fácil aplicação e por esta razão tem largo emprego principalmente quando se usa graficamente o papel milimetrado, como veremos mais adiante.

## b) Fórmula de Simpson

Seja um número par de trapézios de mesma altura $d$ (Figura 14.4).

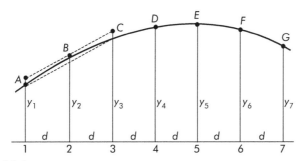

**Figura 14.4**

A ideia foi de considerarmos cada trecho de dois trapézios como um segmento de parábola, ou seja, $ABC$ seria o segmento de uma parábola, $CDE$ o de outra, assim por diante. Na Figura 14.5, fazemos uma ampliação do trecho $ABC$: sendo arco de parábola, temos: $AHC$ é uma corda. $MBN$ é a tangente pelo ponto médio $B$ e, portanto, paralela, a $AHC$: logo. $MACN$ é um paralelogfamo e, portanto, a área compreendida entre a curva e a corda é igual a 2/3 da área do paralelogramo.

A área $ABCHA = 2/3$ da área $AMBNCHA$, portanto, a área que nos interessa da Figura 14.5 é:

$$a_{1-3} = \frac{y_1+y_3}{2}2d + \frac{2}{3}2d\left(y_2 - \frac{y_1+y_3}{2}\right),$$

pondo $d/3$ em evidência,

$$a_{1-3} = \frac{d}{3}(3y_1 + 3y_3) + \frac{d}{3}(4y_2 - 2y_1 - 2y_3),$$

$$a_{1-3} = \frac{d}{3}(4y_2 + y_1 + y_3).$$

Analogamente, a área entre 3 e 5 será:

$$a_{3-5} = \frac{d}{3}(4y_4 + y_3 + y_5),$$

e a área entre 5 e 7 será

$$a_{5-7} = \frac{d}{3}(4y_6 + y_5 + y_7).$$

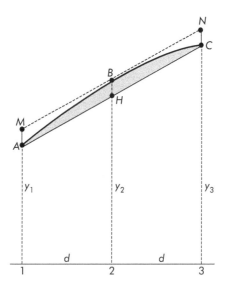

**Figura 14.5**

Calculando então a área pela fórmula de Simpson ($S_s$), temos:

$$S_S = a_{1-3} + a_{3-5} + a_{5-7} = \frac{d}{3}(4y_2 + 4y_4 + 4y_6 + y_1 + y_7 + 2y_3 + 2y_5),$$

ou seja,

$$S_S = \frac{d}{3}(E + 2I + 4P),$$

onde $E$ é a somatória dos $y_s$ extremos, $I$ a somatória dos $y_s$ ímpares e $P$ dos $y_s$ pares.

Esta fórmula, um pouco mais complexa do que a dos trapézios, parece um pouco mais certa principalmente quando as divisas forem linhas curvas.

## c) Fórmula de Poncelet

Devemos ter também um número par de trapézios com a mesma altura $d$ (Figura 14.6).

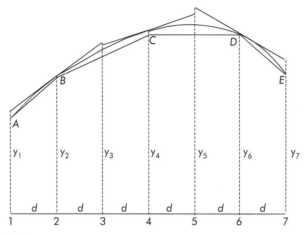

**Figura 14.6**

A ideia de Poncelet foi considerar duas áreas:

$a_1$, que será a área formada por $ABCDE$ com a linha da poligonal 1-7;

$a_2$, que é a área dos trapézios formados pelas tangentes aos pontos $B$, $C$ e $D$ também com a linha da poligonal 1-7.

A seguir, considerando que a área a ser calculada seja:

$$S_P = \frac{a_1 + a_2}{2},$$

onde

$$a_1 = \frac{y_1 + y_2}{2}d + (y_2 + y_4)d + (y_4 + y_6)d + \frac{y_6 + y_7}{2}d,$$
$$a_2 = 2dy_2 + 2dy_4 + 2dy_6.$$

Então,

$$S_P = \frac{a_1 + a_2}{2} = \frac{d}{2}\left(\frac{y_1}{2} + \frac{y_2}{2} + y_2 + 2y_4 + y_6 + \frac{y_6}{2} + \frac{y_7}{2} + 2y_2 + 2y_4 + 2y_6\right),$$

$$S_P = \frac{d}{2}\left(\frac{y_1}{2} + \frac{y_7}{2} + \frac{y_2}{2} + 3y_2 + 3y_4 + 3y_6 + \frac{y_6}{2}\right);$$

somando e subtraindo $y_2/2$ e $y_6/2$, temos

$$S_P = \frac{d}{2}\left(\frac{y_1}{2} + \frac{y_7}{2} + 4y_2 + 4y_4 + 4y_6 - \frac{y_2}{2} - \frac{y_6}{2}\right),$$

$$S_P = \frac{d}{2}\left(4P + \frac{E - E'}{2}\right),$$

ou,

$$S_P = d\left(2P + \frac{E - E'}{2}\right),$$

onde $P$ é a somatória dos $y_s$ pares, $E$ é a somatória dos $y_s$ extremos e $E'$ é a somatória dos $y_s$ adjacentes aos extremos, ou seja, segundo e penúltimo $y$.

### Exercício aplicando as três fórmulas

Seja na Figura 14.6 os seguintes valores: $d = 20$ m, $y_1 = 1,8$ m, $y_2 = 3,5$ m, $y_3 = 4,7$ m, $y_4 = 5,5$ m, $y_5 = 5,8$ m, $y_6 = 5,4$ m e $y_7 = 3,8$ m.

Área pela fórmula dos trapézios ($S_T$):

$$S_T = \frac{20}{2}\left[(1,8 + 3,8) + 2(3,5 + 4,7 + 5,5 + 5,8 + 5,4)\right]$$

$$S_T = 554,00 \text{ m}^2$$

Área pela fórmula de Simpson ($S_S$):

$$S_S = \left[\frac{20}{3}(1,8 + 3,8) + 2(4,7 + 5,8) + 4(3,5 + 5,5 + 5,4)\right],$$

$$S_S = 561,33 \text{ m}^2$$

Área pela fórmula de Poncelet ($S_p$):

$$S_P = d\left[2(3,5 + 5,5 + 5,4) + \frac{(1,8 + 3,8) - (3,5 + 5,4)}{4}\right],$$

$$S_S = 559,50 \text{ m}^2.$$

As diferenças entre as fórmulas são visivelmente pequenas, podemos, pois, aplicar a fórmula menos certa e mais rápida que é a dos Trapézios (com muito bons resultados).

Lembramos que a fórmula dos Trapézios erra para menos quando a divisa é convexa, porém errará para mais quando for côncava. Por esta razão, haverá, na prática, uma certa compensação.

## MÉTODOS GRÁFICOS

a) Subdividimos a faixa entre a divisa e a linha da poligonal em figuras como retângulos, trapézios e triângulos, calculando-se suas áreas com dados tirados, em escala, do desenho. Naturalmente é um método apenas aproximado. Quando o desenho for feito em escala maior, o erro será menor e vice-versa. Numa planta em escala de 1:1000. um milímetro vale um metro, portanto, num triângulo em que se tirou base e altura, iguais respectivamente a 15 e 18 mm, daria a seguinte superfície:

$$S = \frac{15 \times 18}{2} m^2 = 135 \text{ m}^2.$$

Se os valores corretos fossem 16 e 19 mm, a área seria

$$S = \frac{16 \times 19}{2} m^2 = 152 \text{ m}^2.$$

Este erro cometido em múltiplas vezes pode ocasionar diferenças de grande porte no cômputo final da área da propriedade.

## b) Aplicação gráfica da fórmula dos trapézios

Preferimos exemplificar com um caso geral. Calculemos, por exemplo, a área da Figura 14.7.

Iremos calcular de início, em centímetros quadrados, a área da parte superior à linha $AB$ desde a linha $1'$- $1''$ até a linha $17'$-$17''$.

Relacionamos e somamos todas as alturas $y$ de centímetro em centímetro, lendo diretamente no papel milimetrado até a precisão do milímetro, porém os primeiro e último $y$ serão somados apenas pela metade:

$$S_1 = (1,1 + 2,9 + 3,4 + 3,8 + 4,1 + 4,3 + 4,6 + 4,8 + 5,0 + 5,2 + 5,1 + 5,2 + 5,2 + 5,1 + \\ + 5,0 + 4,7 + 4,3 + 3,6 + 1,0) \times 1 \text{ cm} = 68,1 \text{ cm}^2.$$

Pelo mesmo sistema calculamos a área S, entre a linha $AB$ e a curva, na parte inferior desde as linhas $1'$-$1''$ até $17'$-$17''$:

$$S_2 = (0,5 + 1,8 + 2,3 + 2,7 + 2,9 + 3,0 + 3,0 + 3,0 + 3,0 + 3,0 + 2,9 + \\ + 2,8 + 2,6 + 2,3 + 2,0 + 1,5 + 0,3) \times 1 \text{ cm} = 39,6 \text{ cm}^2.$$

Para o cálculo da área total falta acrescentar as pequenas áreas da esquerda de $1'$-$1$-$1''$ e à direita de $17'$-$17$-$17''$. Pelo mesmo sistema encontramos, então

$$S_3 = (0 + 0,7 + 0,7 + 0,1) \times 1 \text{ cm} = 1,5 \text{ cm}^2,$$

$$S_4 = (0,2 + 0,2) \, 1 \text{ cm} = 0,4 \text{ cm}^2.$$

A área total será:

$$S = S_1 + S_2 + S_3 + S_4 = 109,6 \text{ cm}^2.$$

Podemos notar com que rapidez os cálculos poderão ser feitos caso tenhamos uma máquina de somar, pois, à medida que as leituras dos valores $y_s$ forem feitas no papel milimetrado, iremos registrando-as na somadora; no final, bastará bater o *total* e teremos a área. Caso a figura não esteja sobre papel milimetrado, usaremos um vegetal milimetrado sobrepondo-o sobre o desenho. Acreditamos que a precisão e. a rapidez serão maiores do que as da aplicação do planímetro.

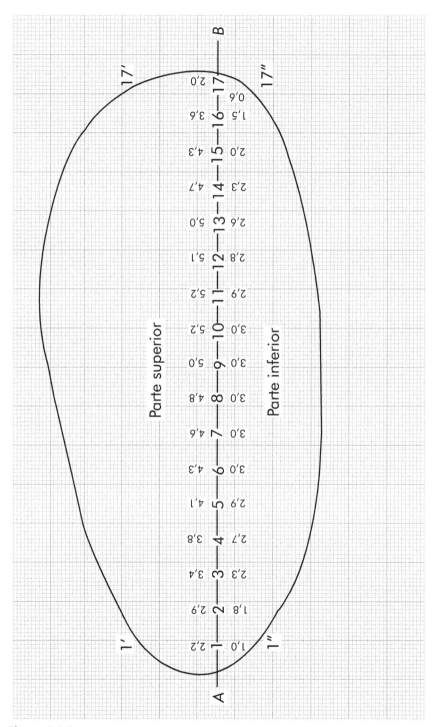

**Figura 14.7**

## PROCESSO MECÂNICO – APLICAÇÃO DO PLANÍMETRO

O pequeno instrumento chamado planímetro constitui o equipamento com o qual podemos determinar a área de quaisquer figuras, desde que percorramos o seu perímetro (desenhado) com uma de suas extremidades, enquanto a outra permanece fixa no papel.

Podemos ver a descrição do planímetro na Figura 14.8.

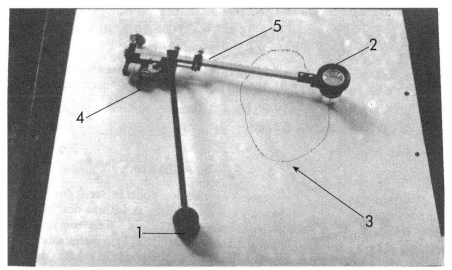

**Figura 14.8** Planímetro pola (AMSLER), usado na medida de uma área, com o ponto fixo fora da área. 1 Ponto fixo; 2 Lupa para acompanhar o contorno da área; 3 Área que está sendo medida; 4 Corpo do planímetro com as escalas; 5 Braço graduado para variar a escala.

## TEORIA DO PLANÍMETRO POLAR DE AMSLER

Vamos analisar o uso do planímetro (Figura 14.9).

O cilindro gira com eixo na direção de $r$ — $r$ (eixo)

Analisemos o que acontece quando o ponto móvel vai de $f$ para $f_1$, passando por $f'$: a leitura que em $f$ era $u$ passará para $u_1$ em $f_1$ e o cilindro $v$ passará para a nova posição $v_1$ no final da reta $f_1 b_1$. O ponto de articulação passará de $b$ para $b_1$. A diferença de leituras $(u_1 - u)$ multiplicada pelo valor $t$ de uma divisão representará quanto o cilindro $v$ girou; mas o cilindro $v$ para atingir a nova posição girou $h$ para baixo e depois voltou para cima o arco $vv_1$; então

$$h - vv_1 = t\,(u_1 - u),$$

mas $vv_x = \alpha r$, substituindo temos:

$$h - \alpha r = t(u_1 - u),$$
$$h = t\,(u_1 - u) + \alpha r$$

A área *s* de O*bfff₁b₁*O é composta de 3 parcelas:

$\Delta s_1$ é a área do paralelogramo $bff'b_1$,

$\Delta s_2$ é a área do setor circular $b_1 ff_1$,

$\Delta s_3$ é a área do setor circular $Obb_1$;

$\Delta s_1 = Rh = R\left[t(u_1 - u) + \alpha r\right] = Rt(u_1 - u) + R\alpha r$,

$\Delta s_2 = \dfrac{1}{2} R \cdot R\alpha = \dfrac{1}{2}\alpha R^2$, exprimindo $\alpha$ em radianos,

$\Delta s_3 = \dfrac{1}{2} R_1 \cdot R_1 \beta = \dfrac{1}{2}\beta R_1^2$, exprimindo $\beta$ em radianos;

$s = \Delta s_1 + \Delta s_2 + \Delta s_3$,

$s = \dfrac{1}{2}\alpha R^2 + \dfrac{1}{2}\beta R_1^2 + R\alpha r + Rt(u_1 - u)$.

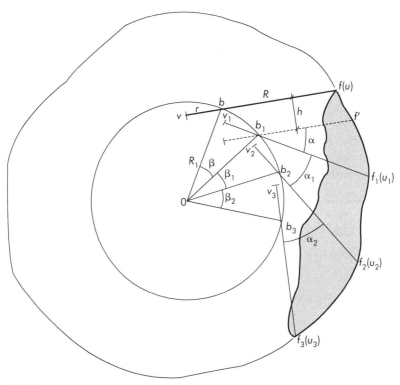

**Figura 14.9**

O = origem (ponto fixo) = polo
$R_1$ = comprimento do 1.º braço
$R$ = comprimento do 2.º braço
$v$ = cilindro graduado
$r$ = comprimento do braço externo, desde b [ponto de articulação até v (cilindro graduado)]

$t$ = valor de uma divisão do cilindro graduado
$u, u_x, u_2$ etc. = leituras do cilindro graduado

Fazendo o mesmo raciocínio para $f_2, f_3$ etc., teremos a área total $S = s + s_1 + s_2 + s_3 + ...$,

$$S = \frac{1}{2}\alpha R^2 + \frac{1}{2}\beta R_1^2 + R\alpha r + Rt(u_1 - u) + \frac{1}{2}\alpha_1 R^2 + \frac{1}{2}\beta_1 R_1^2 +$$
$$+ R\alpha_1 r + Rt(u_2 - u_1) + \text{etc.},$$
$$S = \frac{1}{2}R^2 \Sigma\alpha + \frac{1}{2}R_1^2 \Sigma\beta + Rr\Sigma\alpha + Rt(u_n - u)$$

sendo $u_n$ a leitura final.

Analisemos dois casos:

1° *Caso*. A origem O está dentro da área como é o caso da figura, se quisermos medir a área total. Como $\Sigma\alpha = 2\pi$, $\Sigma\beta = 2\pi$, então:

$$S = \pi R^2 + \pi R_1^2 + \pi Rr + Rt(u_n - u),$$
$$S = \pi(R^2 + R_1^2 + Rr) + Rt(u_n - u).$$

Chamamos $Rt = p$ = constante e $\pi(R^2 - R_1^2 + Rr) = q$; então,

$$S = p(u_n - u) + q$$

ou

$$S = \left(u_n - u + \frac{q}{p}\right) \cdot p$$

Chamamos

$q/p = Q$ = constante do planímetro;

portanto,

$$S = p(u_n - u + Q),$$

a constante $p$ é chamada de valor da divisão do planímetro e $Q$ é simplesmente a constante do planímetro.

2.° *Caso*. A origem O está fora da área, que seria o caso se quiséssemos calcular apenas a área assinalada na figura.

Como $\Sigma\alpha = O$, $\Sigma\beta = O$, então,

$$S = Rt(u_n - u),$$
$$S = p(u_n - u).$$

## Determinação de p e Q

1. Construir um quadrado de 10 × 10 cm.
2. Percorrer o perímetro com a origem (polo) fora do quadrado, anotando a leitura inicial $u$ e a final $u_n$. Assim determinamos p:

$$p = \frac{S}{(u_n - u)},$$

onde $S = 100 \text{ cm}^2$.

3. Colocar o polo (origem) dentro do quadrado, anotando as leituras iniciais $(u')$ e final $(u'_n)$.

Como

$$S = p(u'_n - u' + Q),$$

$$Q = \frac{S - p(u'_n - u')}{p}.$$

Chamamos de $\Delta u = (u_n - u)$, $\Delta u' = (u'_n - u')$ e $S = p\Delta u$; para determinação do $Q$, temos então:

$$Q = \frac{p\Delta u - p(\Delta u')}{p},$$

$$Q = \Delta u - \Delta u'.$$

(*Observação*: $u_n$ é a leitura final da escala e $u$ é a leitura inicial da escala.)

# 15
## Teodolito

A denominação *teodolito* é atribuída ao aparelho topográfico que se destina fundamentalmente a medir ângulos horizontais, mas pode também obter distâncias horizontais e verticais por taqueometria. Geralmente é feita confusão com os nomes: teodolito, trânsito e taqueômetro. No final deste capítulo, quando já tivermos mais detalhes, voltaremos ao assunto. Podemos classificar os teodolitos em duas categorias básicas: os de projeto americano e os de leituras ópticas. Os primeiros são considerados de linha americana porque foram bastante desenvolvidos no início do século por duas firmas americanas Gurley e Keuffel-Esser. Atualmente são produzidos também por algumas firmas japonesas: Zuhio, Toko, Fuji, Tokio-Soki etc. Os de leitura óptica são produzidos pelas principais fábricas européias, tais como Wild, Kern, Zeiss-Oberkochen, Zeiss-Jena etc.

## APARELHO DE LINHA AMERICANA

A Figura 15.1 apresenta um modelo de aparelho com as peças visíveis totalmente à mostra. Esse modelo é muito eficaz para o ensino, pois torna mais acessível, aos iniciantes, a aprendizagem de seu manejo. Ele possui possibilidades de ajuste de todas as peças vulneráveis; assim, qualquer acidente relativamente comum que ocorra, tal como a rutura do tubo de bolha, pode ser reparado com a substituição do tubo e posterior ajuste. As retificações (ajustes) que o modelo possibilita são, pela ordem:

1ª tornar os eixos das bolhas do círculo horizontal perpendiculares ao eixo vertical, o ajuste será feito nos suportes dos tubos de bolha;

2ª tornar a linha de vista perpendicular ao eixo horizontal, o ajuste será feito no retículo vertical;

3ª tornar o eixo horizontal perpendicular ao eixo vertical, o ajuste será feito num dos suportes do eixo horizontal;

4.ª tornar a linha de vista completamente coincidente com o eixo da luneta, o ajuste é no retículo horizontal central;

5ª tornar o eixo da bolha da luneta paralelo à linha de vista, a correção é feita nos suportes desse tubo de bolha;

6ª correção da posição do nônio no círculo vertical.

A presença de tantas possibilidades de ratificações faz com que o aparelho se torne menos delicado, isto é, menos vulnerável a acidentes irreparáveis.

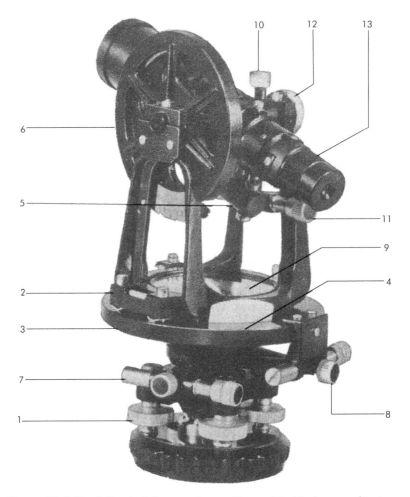

**Figura 15.1** Teodolito da linha americana. Marca: World, de procedência japonesa (foto cedida pela Politécnica Paulista).

O teodolito de linha americana (Figura 15.1) usa quatro parafusos calantes (1) para a operação de nivelamento de dois tubos de bolha (2) sobre o círculo horizontal; (3) tem leitura por meio de nônio (4) em duas janelas colocadas opostas pelo diâmetro. Possui outro tubo de bolha (5) preso à luneta por meio de suportes. O círculo vertical (6) indica a leitura zero quando a luneta está horizontal, isto é, quando seu tubo de bolha está centrado. Tem dois movimentos em torno do eixo vertical, ou seja, o movimento geral ou inferior (7) e o movimento superior ou particular (8); cada um desses movimentos tem o parafuso principal e o respectivo parafuso micrométrico. Possui ainda bússola central (9). O movimento da luneta no plano vertical é controlado pelo parafuso de elevação (10) com respectivo parafuso micrométrico (11). A focalização da imagem é feita com o parafuso (12) e a focalização dos retículos com o anel (13).

As leituras dos círculos horizontais são obtidas por meio de nônios. O uso de nônios para leitura de círculos horizontais permite a acuidade tranquila até o minuto sexagesimal ou dois centésimos de grado. No entanto muitos modelos estão construídos para leitura até 20 segundos sexagesimais, o que é um tanto forçado. Em geral dois traços do nônio apresentam coincidência, deixando o leitor em dúvida. Porém a leitura até o minuto é perfeita. Para precisão superior somente com os outros modelos, isto é, os teodolitos com leitura óptica.

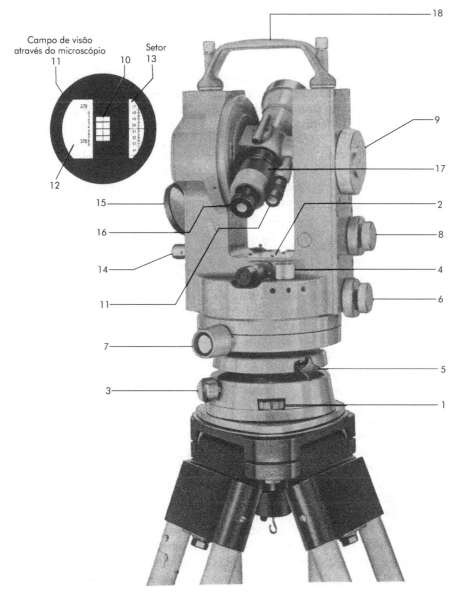

**Figura 15.2** Teodolito de leitura óptica (linha européia). Marca: Zeiss, da Carl Zeiss-Oberkochen, modelo TH-2, Alemanha ocidental.

Como se pode notar, apesar da coincidência de finalidades, as características de cada modelo são muito diferentes, tendo em vista a maior ou menor acuidade de leituras. A sofisticação de um modelo influi fortemente no custo de cada um, havendo variação até de 500 % no preço. Sob o ponto de vista de aplicação profissional, cada modelo apresenta a sua utilidade, pois cada vez que não for necessária grande precisão podem ser aplicados os aparelhos de menor custo. Quando a precisão for prioritária existe uma gama variada de modelos de acuidade crescente, até chegar aos mais sofisticados.

O teodolito de leitura óptica (linha europeia) representado na Figura 15.2 é um modelo TH-2 da fábrica Carl Zeiss-Oberkochen, Alemanha Ocidental. Apesar das finalidades serem as mesmas, pode-se ver que o aspecto desse aparelho é completamente diferente do modelo anterior. Apresenta apenas 2 parafusos calantes (1) para centragem da bolha principal (2). Esses parafusos têm um passo bem micrométrico e campo de ação muito restrito, por isso não se consegue centrar a bolha sem o auxílio do parafuso (3) que, quando solto, permite a centragem da bolha circular (4). O parafuso (5) permite a retirada da parte superior do aparelho para proceder reciprocidade com alvo colocado em outro tripé e base estacionada em outra estaca. O teodolito tem apenas um movimento em torno do eixo vertical controlado pelos parafusos (6), sendo um para a fixação e o outro micrométrico; esse movimento é o *particular*, isto é, sempre que giramos o aparelho a leitura do círculo horizontal se altera. Para se alterar a leitura do círculo horizontal sem girar o aparelho, existe o parafuso (7). O movimento da luneta é controlado pelos parafusos (8), geral e micrométrico.

A leitura, tanto do círculo horizontal como do círculo vertical, tem, nesse modelo, uma acuidade excepcional. Os círculos graduados em grados centesimais permitem a leitura até a quarta decimal, isto é, até décimo-milésimo de grado, ou seja, divide a circunferência em quatro milhões de partes. Para isso, usa-se o parafuso do micrômetro óptico (9), que permite o ajuste das três faixas (10) que são visíveis pelo microscópio (11). Quando as três faixas ficam contínuas, a leitura pode ser efetuada: 378,8506. O valor 378,8 é lido no setor (12) e o valor 0,0506 é lido no setor (13). O parafuso (14) permite avistar a leitura do círculo horizontal sem a visão do círculo vertical ou o contrário, quando acionado para outra posição. O espelho (15) tem movimento giratório e de abertura para introduzir a luz solar (ou de lanterna, à noite) no interior do aparelho, o que permite as leituras dos círculos através do microscópio (11). Temos ainda o focalizador dos retículos (16) e o focalizador da imagem (17). A alça (18) permite o transporte da parte superior do teodolito para mudança de tripé. As denominações trânsito, teodolito e taqueômetro são aplicadas com alguma confusão, porém dependem apenas de algumas características do aparelho. Os dois modelos descritos são realmente e genuinamente teodolitos. O trânsito é um aparelho que somente mede os ângulos horizontais, por isso não possuem círculo vertical, bolha da luneta e os dois retículos taqueométricos, tendo apenas o retículo vertical e o horizontal central. Tais aparelhos não são mais fabricados atualmente, pois, com a introdução dessas três partes, o aparelho torna-se mais completo, podendo fazer a taqueometria que será descrita em capítulo posterior (Capítulo 20). A taqueometria permite o cálculo de distâncias horizontais e verticais entre dois pontos. Quando essa parte do aparelho apresenta muita sofisticação o aparelho é chamado de taqueômetro, já que foi dado um grande destaque para o setor de taqueometria. No Capítulo 20, falaremos dos taqueômetros autorredutores, que nunca são chamados de teodolitos justamente porque sua função principal é fazer taqueometria, no entanto, são também teodolitos. A correta escolha do aparelho para cada tipo de trabalho é muito importante. Quando o trabalho não exige muita precisão, o emprego de aparelhos sofisticados constituem, além de um risco inútil de quebra, um desgaste desnecessário do instrumento. Quando, ao contrário, o trabalho exigir alta precisão e é empregado um aparelho de menor capacidade, todo o serviço está condenado, e constituiu simples perda de tempo, trabalho e custo, a tentativa de execução.

# 16
# Métodos de medição de ângulos

Quando aplicamos o teodolito na obtenção de ângulos, podemos optar por diferentes métodos. Entre eles, serão destacados os dois mais empregados, ou seja, o *método direto* e o *método por deflexões*.

## MÉTODO DIRETO

### Sequência de operação

1. Estacionar o aparelho sobre a estaca, de forma que o prumo esteja sobre o centro da estaca; em virtude da precisão do ângulo a ser medido, a coincidência do prumo com o centro da estaca, onde deve ser cravado um pequeno prego, deve ser perfeita.

2. Nivelar a bolha do círculo horizontal (ou as bolhas) em duas direções perpendiculares entre si, de preferência nas direções de dois parafusos calantes opostos (em caso de aparelhos com 4 parafusos calantes).

3. Soltar os parafusos de aperto dos dois movimentos, geral e particular,

4. Acertar, aproximadamente, o zero do nônio com o zero do círculo, fechando os parafusos de aperto do movimento particular.

5. Acertar, exatamente, zero com zero, usando o parafuso micrométrico do movimento particular (o movimento geral permanece aberto).

6. Girar o aparelho, procurando a visada à ré e, quando a visada estiver quase boa, fechar o parafuso de aperto do movimento geral.

7. Completar a perfeição da visada usando o parafuso micrométrico do movimento geral.

8. Se o aparelho tiver bússola central (com a agulha solta), ler na ponta norte, o rumo ré.

9. Abrir o movimento particular e girar o aparelho até a visada a vante (em qualquer dos sentidos, horário ou anti-horário). Quando a visada estiver quase boa, apertar o parafuso do movimento particular e com o respectivo micrométrico completar a perfeição da visada.

10. Ler o ângulo horizontal simples, no círculo, e o rumo vante na ponta norte da agulha imantada.

*Observação.* A leitura do círculo horizontal será diferente, dependendo do aparelho: com nônio, com estima direta, com círculo duplo, com micrômetro óptico ou mecânico etc.

É sempre bom que se verifiquem os valores obtidos. Adotar um valor obtido por uma observação isolada constitui um risco. Se desejamos verificar o ângulo medido, podemos fazer pela medida do dobro deste ângulo. Vejamos como proceder.

11. Abrir o parafuso do movimento geral, girar o aparelho até a visada à ré, fixando novamente este mesmo parafuso quando a visada estiver quase boa; a seguir, com o parafuso micrométrico do movimento geral, fazer com que a visada fique perfeita; se tivermos alguma dúvida a respeito do rumo à ré, este será o momento de verificar, pois a ponta norte da agulha estará registrando o rumo à ré.

12. Abrir o parafuso do movimento particular, girar o aparelho para vante, fixar novamente o mesmo parafuso quando a visada estiver próxima e terminar de acertá-la com o parafuso micrométrico do movimento particular. Ler o ângulo dobrado no círculo horizontal e, se desejar, reler o rumo vante na ponta norte da agulha.

A verificação é: o valor lido na primeira vez, multiplicado por 2, deverá resultar igual ao valor lido na segunda vez. A razão é evidente. Quando percorremos na primeira vez o ângulo, partindo de zero na primeira visada à ré, o valor lido ao se completar a primeira visada a vante será o valor do ângulo, digamos 60°; ao voltarmos à ré, com o movimento geral aberto, esta leitura não se altera e, portanto, na visada à ré pela segunda vez, teremos registrado no círculo o valor de um ângulo (60°); quando percorremos o ângulo pela segunda vez, um novo valor de 60° se acumula ao primeiro, resultando 120°, portanto o dobro da primeira leitura. É um bom meio de verificação.

A diferença máxima aceitável entre o dobro do ângulo simples e o ângulo dobrado deve ser a mínima fração de leitura que o aparelho permitir; por exemplo: no aparelho nacional "DF Vasconcellos" a leitura vai até um minuto, portanto, se o ângulo simples resultou 108° 23' e o dobrado 216° 47', podemos aceitar pois a diferença é de um minuto. Tal tolerância é natural porque o valor real do ângulo simples poderia ser 108° 23',5, leitura esta impossível, uma vez que o aparelho não fornece meio minuto e o dobro daria 216° 47'.

## *Anotação de caderneta para medição de ângulo pelo método direto, verificado pelo dobro*

A tabela de anotação para caderneta (Tabela 16.1) contém dados preenchidos que servem como exemplo.

### *Explicação das colunas e seu uso*

Na coluna (1) estão anotados os números das estacas onde se encontra estacionado o instrumento.

Na coluna (2) anotamos os pontos (estacas) visados à ré e a vante. Por esta razão, no ponto 4 logicamente a visada à ré é para 3 e a visada a vante é para 5.

Existem duas colunas para rumos, (3) e (4). Na coluna (3) anotamos os rumos lidos na extremidade norte da agulha imantada. A coluna (4) destina-se aos rumos calculados, que são obtidos a partir do rumo calculado da linha anterior e o ângulo simples na estaca; o primeiro rumo calculado é simplesmente adotado (S 15° 00' E) já que não existe o anterior. Os esquemas explicam o cálculo dos rumos.

# TOPOGRAFIA

Tabela 16.1

| (1) | (2) | (3) | (4) | (5) | (6) | (7) |
|---|---|---|---|---|---|---|
| Estaca | Ponto visado | Rumo Lido | Rumo Calculado | Angulo à direita Simples | Angulo à direita Dobrado | Comprimento (m) |
| 4 | 3 | | | | | |
|   | 5 | S 15° 00' E | S 15° 00' E | 215° 10' | 70° 19' | 102,15 |
| 5 | 4 | N 14° 30' W | | | | |
|   | 6 | S 10° 00' E | S 10° 38' E | 184° 22' | 8° 44' | 40,08 |
| 6 | 5 | N 10° 30' W | | | | |
|   | 7 | S 62° 30' E | S 62° 50' E | 127° 48' | 255° 35' | 72,72 |
| 7 | 6 | N 62° 00' W | | | | |
|   | 8 | S 10° 00' W | S 9° 11' W | 252° 01' | 144° 01' | 121,90 |
| 8 | 7 | N 9° 30' E | | | | |
|   | 9 | S 32° 00' E | S 32° 16' E | 138° 33' | 277° 07' | 48,26 |

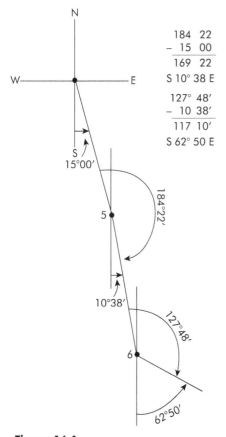

Figura 16.1

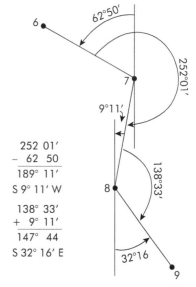

Figura 16.2

A coluna (5) é usada para anotar os ângulos simples (no caso do exemplo, são ângulos à direita) e a coluna (6) para os ângulos dobrados, isto é, aqueles lidos na segunda vez, quando se acham acumulados dois ângulos.

Desta forma são feitas duas verificações: uma grosseira (entre o rumo lido e o calculado da mesma linha), outra apurada (entre o ângulo simples e o dobrado). Como já dissemos, não devemos aceitar medidas que contenham diferença maior do que a mínima leitura possível no círculo horizontal entre os ângulos simples vezes dois e o ângulo dobrado. No exemplo, vemos que na estaca 5 a verificação é perfeita, pois

$$(184° 22') \times 2 = 368° 44' = 8° 44'.$$

Na estaca 4 a diferença é de 1 min (aceitável), pois

$$2 \times (215° 10') = 430° 20' = 70° 20' \text{ (diferença de 1 min)}.$$

Nas estacas 6, 7 e 8, as diferenças também são de 1 min, portanto aceitáveis já que a precisão do aparelho é de 1 min, como podemos ver pelas leituras.

Neste ponto surge, uma pergunta natural: se temos uma verificação tão acurada, que é a comparação entre os ângulos simples e dobrado, porque usar aquela grosseira entre o rumo lido e calculado?

Realmente, nesta última comparação, admitimos diferenças bem maiores (até um grau sexagesimal). A resposta poderá ser dada com um exemplo. Imaginemos que a leitura do círculo horizontal seja a da Figura 16.3. A figura tenta mostrar a gravação no círculo horizontal graduado de meio em meio grau. O índice *zero* no ângulo simples aponta a leitura 37° 30'; porém, se não prestar muito atenção, o leitor poderia interpretar 42° 30', lendo no sentido anti-horário em lugar de fazê-lo no sentido horário que é o correto. Poderíamos dizer que esse erro seria facilmente descoberto quando fizéssemos a leitura do ângulo dobrado, porém, influenciados pelo cálculo mental do dobro de 42° 30' = 85° 00', poderíamos ser levados a ler também no sentido anti-horário e considerar as leituras como boas. O erro cometido seria de 5°, ou seja, 42° 30' − 37° 30' = 5°.

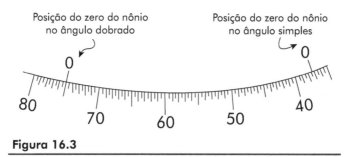

**Figura 16.3**

Quando fôssemos procurar o rumo calculado da linha a vante iríamos obter um valor com 5° de erro. Ora, a bússola, mesmo dando valores imprecisos, não iria chegar a tanto e, então verificando a diferença de 5° entre o rumo lido e o calculado, seríamos alertados e, fazendo nova verificação, possivelmente descobriríamos o engano cometido. É evidente que essa verificação é útil, porém não indispensável e portanto não é feita nos aparelhos sem bússola e sem declinatória.

A coluna (7) se destina à anotação dos comprimentos das linhas que poderão ser medidos com diastímetros (trena de aço, corrente de agrimensor etc.) ou por outro qualquer método (taqueometria, *subtense bar* etc). Neste último caso, a coluna (7) deverá ser subdividida em diversas outras que serão estudadas em capítulos posteriores.

## MÉTODO DAS DEFLEXÕES

O método de medição de ângulo por deflexão poderá ser executado *com inversão* ou *sem inversão de luneta*.

Chama-se deflexão o ângulo que a linha a vante faz com o prolongamento da linha à ré medido a partir desta para a direita ou à esquerda. A deflexão da Figura 16.4 é uma deflexão à direita. A deflexão na estaca 3 é de 23° 14' à direita.

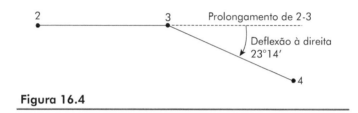

**Figura 16.4**

A Fig. 16.5 mostra uma deflexão de 15° 52' à esquerda.

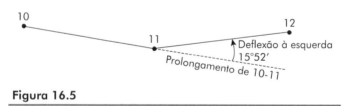

**Figura 16.5**

### Sequência de operação

1. Estacionar o aparelho sobre a estaca de forma que o prumo fique sobre o centro da estaca.

2. Nivelar a bolha (ou bolhas) do círculo horizontal em duas direções perpendiculares entre si, de preferência nas direções de dois parafusos calantes opostos.

3. Soltar os parafusos de aperto tanto do movimento geral como do movimento particular.

4. Acertar aproximadamente o zero do nônio com o zero do círculo horizontal e fechar o parafuso de aperto do movimento particular.

5. Colocar exatamente zero com zero com o parafuso micrométrico do movimento particular. O movimento geral permanecerá aberto.

6. Girar o aparelho, procurando a visada à ré, fechando o parafuso de aperto do movimento geral quando esta estiver quase boa.

7. Tornar exata a visada à ré usando o parafuso micrométrico do movimento geral.

8. Inverter a luneta, isto é, fazê-la girar cerca de 180° em torno do eixo horizontal (estaremos prolongando a visada à ré).

9. Abrir o parafuso de aperto do movimento particular e levar a linha de vista para a visada a vante; quando estiver quase boa, fechar o movimento particular.

10. Com o parafuso micrométrico, do movimento particular, acertar com exatidão a visada a vante.

11. No nônio A efetuar a leitura da deflexão simples (observar que o nônio A, neste momento, está no lado da objetiva pois a luneta está invertida).

## Anotação de caderneta para medição de ângulo pelo método das deflexões verificadas pelas deflexões dobradas

Na anotação de caderneta (Tabela 16.2) aproveitamos para exemplificar com números.

### Tabela 16.2

| (1) | (2) | (3) | (4) | (5) | | (6) | (7) |
|---|---|---|---|---|---|---|---|
| Estaca | Ponto visado | Rumo | | Deflexão simples | | Deflexão dobrada | Comprimento (m) |
| | | Lido | Calculado | à direita | à esquerda | | |
| 10 | 9 | | | | | | |
| | 11 | N 72° 00' W | N 72° 00' W | 5° 45' | | 11° 30' | 75,23 |
| 11 | 10 | S 71° 30' E | | | | | |
| | 12 | S 74° 00' W | S 73° 48' W | | 34° 12' | 68° 15' | 181,05 |
| 12 | 11 | N 74° 00' E | | | | | |
| | 13 | S 2° 00' W | S 1° 25' W | | 72° 23' | 144° 46' | 28,13 |
| 13 | 12 | N 1° 30' C | | | | | |
| | 14 | S 10° 00' W | S 10° 16' W | 8° 51' | | 17° 42' | 85,44 |
| 14 | 13 | N 10° 30' E | | | | | |
| | 15 | S 33° 00' E | S 33° 48' E | | 44° 04' | 88° 07' | 102,91 |
| 15 | 14 | N 33° 30' W | | | | | |
| | 16 | S 44° 00' E | S 44° 01' E | | 10° 13' | 20° 25' | 115,42 |
| 16 | 15 | N 44° 00' W | | | | | |
| | 17 | S 41° 00' E | S 41° 43' E | 2° 18' | | 4° 36' | 63,10 |

Na coluna (1) são anotadas as estacas onde está estacionado o teodolito; na coluna (2), as estacas visadas à ré e a vante (logicamente de 10 para 9 é ré e de 10 para 11 é vante). Na coluna (3) são anotados os rumos lidos na agulha imantada. Na coluna (4) são colocados os rumos após serem calculados conforme exemplo que será feito a seguir. Na coluna (5) são anotadas as deflexões que, como vimos, podem ser à direita ou à esquerda. Na coluna (6) são registradas as deflexões dobradas, e não há necessidade de separação, pois quando a simples é à direita, dobrada também é; geralmente tolera-se uma diferença de 1 minuto entre duas vezes a deflexão simples ao comparar com a dobrada. Na última coluna (7), anotam-se os comprimentos das linhas, geralmente medidos com a trena.

Agora, partindo do rumo lido inicial da linha 10-11 assumido como calculado N 72° 00′ W, iremos calcular os rumos das linhas seguintes usando as deflexões simples:

|   |   |   |
|---|---|---|
| 10-11 | N 72° 00′ W | (à esquerda) |
| + | 34° 12′ | (à esquerda) |
|   | 106° 12′ |   |
|   | 180° − 106° 12′ = 73° 48′ |   |
| 11-12 | S 73° 48′ W | (à direita) |
| − | 72° 23′ | (à esquerda) |
| 12-13 | S 1° 25′ W | (à direita) |
| + | 8° 51′ | (à direita) |
| 13-14 | S 10° 16′ W | (à direita) |
| − | 44° 04′ | (à esquerda) |
| 14-15 | S 33° 48′ E | (à esquerda) |
| + | 10° 13′ | (à esquerda) |
| 15-16 | S 44° 01′ E | (à esquerda) |
| − | 2° 18′ | (à direita) |
| 16-17 | S 41° 43′ E |   |
|   | etc. |   |

Quando os ângulos forem medidos pelo método das deflexões, o cálculo dos rumos fica mais fácil, aplicando-se a regra prática: quando rumo e deflexão são do mesmo sentido, isto é, direita-direita ou esquerda-esquerda, somam-se os dois valores; quando forem de sentidos contrários, isto é, direita-esquerda ou esquerda-direita, subtrai-se o menor do maior. Para identificar as letras dos rumos bastará olhar para os quadrantes (Figura 16.6):

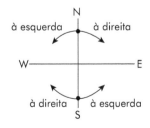

**Figura 16.6**

Como no primeiro cálculo o rumo de 10-11 é N 72° 00' W; somando-se 34° 12' temos 106° 12' passando, portanto, para o quadrante SW e devemos calcular o suplemento 180° – 106 12' = 73° 48'.

Os iniciantes deverão acompanhar os cálculos com esquemas (Figura 16.7).

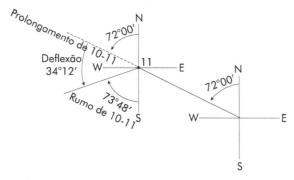

**Figura 16.7**

Como se vê na Tabela 16.2, a deflexão simples foi verificada pela deflexão dobrada. Como atuar?

Ao terminar a operação n. 11, verifica-se que a luneta está invertida; então:

12. Abrir o parafuso de aperto do movimento geral e levar a linha de vista para a visada à ré, conservando a luneta invertida; quando estiver quase boa, fechar o movimento geral.

13. Com o parafuso micrométrico do movimento geral, acertar, com exatidão, a visada à ré.

14. Endireitar a luneta, fazendo-a girar em torno do eixo horizontal, prolongando novamente a linha à ré. Agora a luneta ficou direta outra vez.

15. Abrir o parafuso de aperto do movimento particular e levar a linha de vista para a visada a vante, fechando esse movimento quando a visada estiver quase boa.

16. Com o parafuso micrométrico do movimento particular, tornar exata a visada à ré.

17. Novamente, no nônio $A$, efetuar a leitura da deflexão dobrada, observando que, agora, o nônio $A$ se encontra novamente no lado da ocular, pois a luneta está direta.

18. A leitura dos rumos ré deve ser efetuada na primeira vez que visamos à ré, pois, na segunda vez, a luneta estará invertida, e haverá troca das letras dos rumos.

19. A leitura dos rumos vante deve ser efetuada na segunda vez que visamos a vante, pois, na primeira vez, a luneta estará invertida, e haverá troca das letras dos rumos.

# 17
## Retificações de trânsito

### Generalidades

Retificação não é um simples conserto do aparelho. Quando um parafuso qualquer tem a sua rosca espanada e é substituído por outro, isso é conserto; quando um tubo de bolha se parte e é trocado por outro, isto é conserto; mas esse novo tubo não tem as mesmas características do anterior e necessita ser ajustado para funcionar bem e preencher sua finalidade, e isso, agora, não é conserto, mas, retificação. Para retificar um instrumento, precisamos conhecer o seu funcionamento e seus fundamentos teóricos. Retificar é alterar posições de seus eixos ou linhas fundamentais, tais como eixo vertical, eixo horizontal, eixo da bolha, linha de vista etc.

Deve um profissional aprender a retificar um instrumento, uma vez que existem oficinas especializadas para fazê-lo? Nos grandes centros urbanos, de fato, existem tais oficinas, mas não nos núcleos menores. Como também as desretificações podem surgir no momento do trabalho, na operação de campo, não será conveniente interromper o trabalho para levarmos o aparelho até uma oficina distante, quando se poderia retificar um trânsito, completamente, em 30 min (quem tem prática). Por outro lado, o conhecimento das retificações leva o profissional a dominar o aparelho, adquirindo segurança diante de qualquer falha deste. Muitas vezes, é possível usar o aparelho desretificado sem cometer erro, se soubermos como fazê-lo.

Estudaremos as retificações em etapas bem definidas:
a) objetivo;
b) verificação do aparelho;
c) análise gráfica do problema;
d) correção;
e) vários.

*Linhas teóricas fundamentais do trânsito* São quatro (Figura 17.1):
1.ª eixo vertical, em torno do qual gira todo o instrumento (E.V.);
2.ª eixo da bolha, linha imaginária que fica horizontal quando a bolha está centrada (*E.B.*);
3.ª eixo horizontal, em torno do qual gira a luneta (*E.H.*);
4.ª linha de vista, que inicia no orifício da ocular, atravessa o cruzamento dos dois retículos e sai pelo centro óptico da objetiva (L.V).

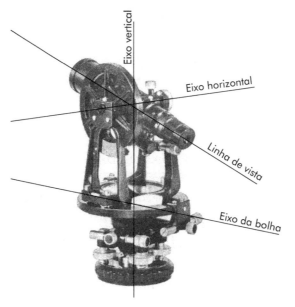

**Figura 17.1**

A condição para que um trânsito esteja retificado, isto é, obtenha ângulos horizontais corretos, é que as quatro linhas teóricas fundamentais sejam perpendiculares entre si, naturalmente duas a duas, ou seja:

1.ª  retificação, tornar o eixo da bolha perpendicular ao eixo vertical;

2.ª  retificação, tornar a linha de vista perpendicular ao eixo horizontal;

3.ª  retificação, tornar o eixo horizontal perpendicular ao eixo vertical.

Após a obtenção dessas três condições, tranquilamente poderemos ter os ângulos horizontais medidos corretamente.

## RETIFICAÇÕES

1.ª *retificação de trânsito*

a) *Objetivo:* tornar o eixo da bolha perpendicular ao eixo vertical

b) *Verificação do aparelho:* mesmo nos aparelhos que tenham dois tubos de bolha sobre o círculo horizontal, devemos cuidar de um de cada vez.

Nivela-se o instrumento e a seguir dá-se um giro de cerca de 180° em torno do eixo vertical. Se a bolha em questão sair de centro, é sinal de que está desretificada, devendo ser corrigida.

c) *Análise gráfica:* a Figura 17.2 indica, esquematicamente, o aparelho com a bolha centrada, estando esta porém, com os suportes *a* e *b* em alturas diferentes. Os suportes *a* e *b* do tubo de bolha, estando em comprimentos diferentes, são os responsáveis pela falta de perpendicularidade entre o eixo da bolha e o eixo vertical.

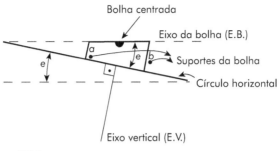

**Figura 17.2**

A Figura 17.3 indica o aparelho depois do giro de cerca de 180°. Os suportes $a$ e $b$ trocam de lado e já que se mantém a mesma inclinação no círculo horizontal, a bolha sairá de centro.

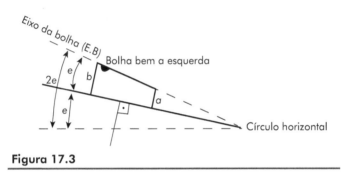

**Figura 17.3**

O erro real é o ângulo $e$, porém na Figura 17.3 vemos que o erro aparente é o ângulo $2e$ (inclinação do eixo da bolha que provoca o afastamento da bolha do centro).

Conclusão: o erro aparente é o dobro do erro real.

d) *Correção:* já que o erro aparente é o dobro do real, vamos corrigir apenas a sua metade; faremos com que a bolha volte metade da distância que fugiu do centro, usando para isso os parafusos retificadores que se encontram nas extremidades do tubo de bolha.

e) *Vários:*

1.ª *pergunta.* Qual a consequência de usarmos o aparelho desretificado?

*Resposta.* A Figura 17.2 mostra que quando se centra a bolha (estando ela desretificada) o círculo horizontal fica inclinado, portanto não serão medidos os ângulos horizontais, e sim os ângulos inclinados, errados e maiores do que os horizontais.

2.ª *pergunta.* É possível usarmos o aparelho desretificado sem cometer erro?

*Resposta.* Sim, desde que se faça a bolha voltar metade da distância que fugiu do centro (partindo da Figura 17.3) com os *parafusos calantes*. A Figura 17.4 mostra como ficará o instrumento.

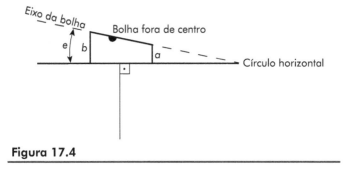

**Figura 17.4**

Ao corrigir metade do ângulo 2e, estaremos anulando o erro e entre o círculo horizontal e o plano horizontal. A bolha ficará fora de centro por erro dela mesmo. Ora, desde que o círculo esteja horizontal, os ângulos medidos serão corretos. Portanto, fazemos uma operação semelhante à retificação, ou seja, fazemos com que a bolha volte metade da distância que saiu do centro ao girar 180° em torno do eixo vertical, porém, em vez de fazê-lo com os parafusos de retificação da bolha, fazemos com os *parafusos calantes*.

Naturalmente, se estivermos utilizando um só tubo de bolha para nivelar o aparelho, devemos nivelar também a mesma bolha na direção perpendicular à anterior e, ao fazê-lo, não poremos a bolha no centro, mas, com o afastamento que sabemos, teremos o eixo vertical realmente vertical. Nas estacas seguintes, ao estacionar e nivelar o aparelho, também já acertaremos a bolha na posição que sabemos que nos dará o eixo vertical, verdadeiramente vertical.

Nos aparelhos que possuem dois tubos de bolha sobre o círculo vertical, o procedimento com a segunda bolha será idêntico ao da primeira.

2.ª *retificação de trânsito*

a) *Objetivo:* tornar a linha de vista perpendicular ao eixo horizontal.

b) *Verificação do aparelho:* visamos um ponto A qualquer, bem distante, fazendo pontaria com o cruzamento do retículo vertical e do retículo horizontal; invertemos a luneta, fazendo com o retículo vertical uma leitura numa mira colocada, horizontalmente, a uma distância de 30 a 60 m do aparelho (chamamos esta leitura de $l_1$); giramos o aparelho em torno do eixo vertical visando novamente o ponto A, porém, agora, com a luneta invertida. Endireitamos a luneta, fazendo nova leitura na mira (chamamos esta leitura de $l_2$); se $l_2$ for diferente de $l_1$, o aparelho está desretificado.

c) *Análise gráfica.*

Quando uma reta é perpendicular à outra que serve de eixo, ao girar em torno desse eixo, descreve um plano perpendicular a esse eixo; qualquer outra reta não perpendicular ao eixo descreve um cone. Por esse motivo, e desmembrando a Figura 17.5, vemos na Figura 17.6 (repito que a Figura 17.6 é uma parte da Figura 17.5) que, enquanto a linha de vista (linha contínua) visa para o ponto A, a normal ($N_1$, linha tracejada) está naturalmente perpendicular ao eixo horizontal; ao invertermos a luneta, esta linha tracejada (perpendicular ao eixo horizontal) se prolonga como uma linha reta, enquanto que a linha de vista forma uma linha quebrada, produzindo a leitura $l_1$, na mira (Figura 17.6). Em seguida, quando giramos o aparelho em torno do eixo *vertical*, naturalmente mantendo a luneta invertida, a linha de vista incidindo sobre o ponto $A$ deixará agora a linha normal ($N_2$) do lado oposto ao ponto $A$, lado em que estava na primeira visada.

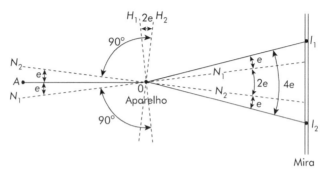

**Figura 17.5**

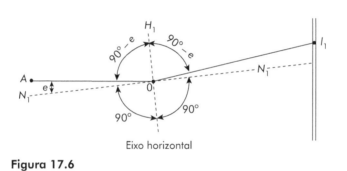

**Figura 17.6**

A Fig. 17.7 é a segunda parte do desmembramento da Fig. 17.5.

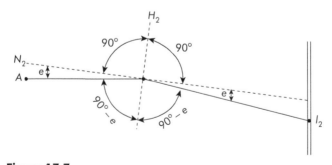

**Figura 17.7**

Quando giramos novamente a luneta em torno do eixo horizontal, endireitando-a (já que se encontrava invertida), a linha normal $N_2$ prolonga-se como uma reta, enquanto que a linha de vista faz uma linha quebrada, passando de $A$ para $l_2$. Completa-se assim a explicação da Figura 17.5. Nela vemos que a distância entre $l_2$ e $l_x$ representa quatro vezes o erro real, já que este é $e$, e a distância $l_2 - l_1$ é $4e$.

d) *Correção:* utilizando os parafusos retificadores do retículo vertical, deslocamos a leitura de $l_2$ para $l_3$ tal que:

$$l_3 = l_2 - \frac{l_2 - l_1}{4},$$

ou seja, $l_3$ estará na quarta parte da distância de $l_2$ para $l_1$; os parafusos que deslocam o retículo vertical estão colocados na luneta (próximo da ocular, na posição dos retículos) e constituem um par lateral, isto é, um à direita e outro à esquerda do eixo da luneta (Figura 17.8).

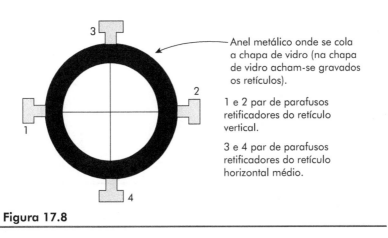

**Figura 17.8**

e) *Vários:*

1.ª *pergunta.* Que acontecerá se usarmos o aparelho desretificado, invertendo-se a luneta?

*Resposta.* A linha de vista não se prolongará como uma reta, mas produzirá um desvio $2e$ com o prolongamento correto; portanto, ao tentarmos medir um ângulo pelo método da deflexão, com inversão da luneta, a deflexão sairá com erro de $\pm 2e$ (Figura 17.9).

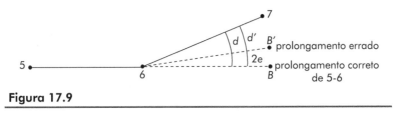

**Figura 17.9**

A Figura 17.9 mostra que ao tentar prolongar 5-6 cairemos em $B'$ em vez de $B$, e acabaremos medindo $d'$ em lugar de $d$; $d' = d - 2e$; portanto a deflexão 5-6-7 resultará com erro de $2e$.

Se, no entanto, repetirmos a operação voltando à ré, sem endireitar a luneta, portanto girando em torno do eixo vertical e ainda mantendo o valor $d'$ registrado no círculo horizontal e, agora sim, endireitando a luneta e medindo mais uma vez a deflexão, encontraremos um valor $D = d' + d''$, onde (Figura 17.10):

$$d = \frac{D}{2}, \quad \text{porque} \quad d = \frac{d'+d''}{2};$$

$$d = d' + 2e$$
$$d = d'' - 2e$$
$$\overline{2d = d' + d'' = D} \quad \text{(deflexão dobrada)};$$

$B'$ é o ponto atingido pela linha de vista na primeira inversão da luneta, isto é, passando de direta para invertida;

$B''$ é o ponto atingido pela linha de vista na segunda inversão da luneta, quando passa de invertida para direta.

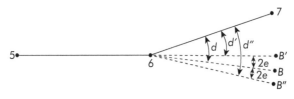

**Figura 17.10**

2.ª *pergunta.* É possível usar o aparelho desretificado sem cometer erro?

*Resposta.* Sim, desde que empreguemos processo que não envolva inversão de luneta, pois só quando a invertemos é que o erro aparece. Se medirmos *diretamente*, o ângulo horizontal sairá correto.

3.ª *pergunta.* É possível prolongar uma linha utilizando inversão da luneta sem cometer erro?

*Resposta.* Sim, desde que se repita a operação, sendo que, da primeira vez, passemos de luneta direta para invertida, marcando o ponto $B$ e da segunda vez, passemos de luneta invertida para direta marcando o ponto $B''$. O ponto $B$, média de $B'$ e $B''$ é o prolongamento correto de $AO$ (Figura 17.11). $B$ *é o* ponto médio entre $B'$ e $B''$.

**Figura 17.11**

3.ª *retificação de trânsito*

a) *Objetivo:* tornar o eixo horizontal perpendicular ao eixo vertical.

b) *Verificação do aparelho:* miramos um ponto A, distante e elevado, com a luneta invertida [para que o ponto A seja distante e elevado, deve ser um ponto qualquer de um edifício (por esta razão não é fácil fazermos esta verificação no campo)]; a pontaria deve ser feita com o cruzamento dos retículos vertical e horizontal; a seguir, baixamos a visada até a horizontal onde devemos fazer, com o retículo vertical, uma leitura $l_2$, numa mira colocada horizontalmente, se possível na mesma cota do aparelho (Figura 17.12). Em seguida repetimos a operação, porém com a luneta direta. isto é, visamos o ponto A e, baixando a linha de vista, atingimos a mira numa leitura $l_2$. Se $l_2$ for diferente de $l_1$, o eixo horizontal não estará perpendicular ao eixo vertical, ou seja, o aparelho está desretificado.

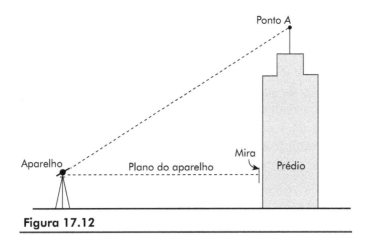

**Figura 17.12**

c) *Análise gráfica:* pela Figura 17.13, que representa o trânsito, podemos ver que, quando o eixo horizontal não é perpendicular ao eixo vertical, a razão é a diferença de altura dos suportes I e II do eixo horizontal. Por isto, quando o aparelho está nivelado, o círculo horizontal fica horizontal (1.ª retificação), o eixo vertical fica vertical e o eixo horizontal Fica inclinado. Ora, a linha de vista que já está perpendicular ao eixo horizontal (2.ª retificação) descreverá um plano perpendicular a esse eixo; portanto, estando o eixo horizontal inclinado, a linha de vista descerá inclinada do ponto A para a leitura $l_1$ (Figura 17.14). O suporte maior II se encontra à direita do aparelho. Quando visarmos, pela segunda vez, ao ponto A, mas agora com a luneta direta, devemos girar o aparelho de 180°, em torno do eixo vertical, o que colocará o suporte II (maior) à esquerda do aparelho; por esta razão, quando a linha de vista descer do ponto A até a mira, a inclinação será para a esquerda, atingindo a leitura $l_2$ (Figura 17.14). Já que o erro é igual a ambos os lados da vertical *(e)*, o ponto certo será $l_3 = \dfrac{l_1 + l_2}{2}$.

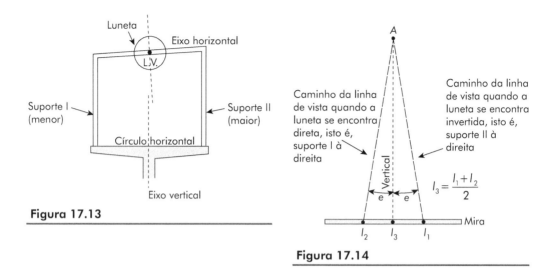

**Figura 17.13**

**Figura 17.14**

$$l_3 = \frac{l_1 + l_2}{2}$$

d) *Correção:* conduzimos a leitura de $l_2$ para $l_3$, utilizando um dos parafusos micrométricos ou do movimento geral ou do movimento particular (enfim, girando em torno do eixo vertical); até aqui, não retificamos nada, apenas preparamos; em seguida levantamos a visada até a altura do ponto $A$, contudo sem atingi-la porque a visada subirá paralelamente a $l_2A$, atingindo o ponto $A'$, ao lado de $A$ (Figura 17.15). Agora, sim, iremos fazer a retificação; usando os parafusos retificadores do eixo horizontal (colocados em um dos seus extremos) levaremos a linha de vista de $A'$ para $A$.

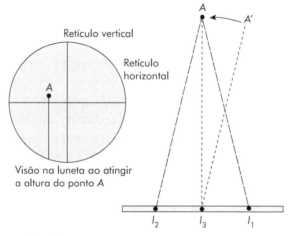

**Figura 17.15**

e) *Vários:*

1.ª *pergunta.* Quando medimos um ângulo com o aparelho desretificado, o que poderá ocorrer?

*Resposta.* Sempre que, para passar a visada ré para vante, for necessário girar a luneta em torno do eixo horizontal, será introduzido um erro (positivo ou negativo) no ângulo. Isto acontece porque, para medir um ângulo, dois serão os movimentos no trânsito: um em torno do eixo vertical – que é aquele que mede o ângulo realmente; outro, da luneta em torno do eixo horizontal, para visar para ré e para vante nas inclinações necessárias. Ora, se este último movimento não acontecer sobre um plano vertical, a linha de vista abandonará a vertical, medindo um ângulo diferente do verdadeiro (Figura 17.16).

2.ª *pergunta.* É possível medir ângulos sem erro com o aparelho retificado?

*Resposta.* Somente é possível numa hipótese teórica em que tanto visada à ré como visada a vante possam ser efetuadas sem movimentar a luneta em torno do eixo horizontal. Outra hipótese seria medir o ângulo duas vezes: uma com luneta direta, outra com luneta invertida; a média aritmética dos dois valores será a medida correta. Supondo que, ao medir o ângulo com a luneta direta, obtenhamos um valor maior do que o verdadeiro, ao medir com a luneta invertida, o valor obtido será menor que o verdadeiro e com erro igual, portanto a soma destes dois ângulos, fará desaparecer o erro.

$$
\begin{aligned}
1.° \text{ ângulo} &= \alpha + \text{erro} \\
2.° \text{ ângulo} &= \underline{\alpha - \text{erro}} \\
\text{Soma} &= 2\alpha \\
\text{Média} &= \alpha. \text{ (ângulo correto)}.
\end{aligned}
$$

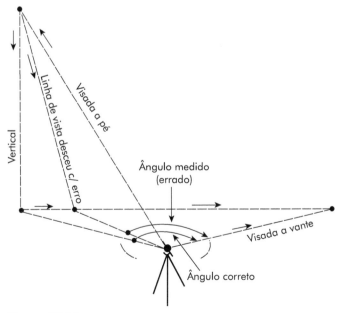

**Figura 17.16**

3.ª *pergunta*. Por que as leituras $l_1$, $l_2$ e $l_3$ devem ser sobre a mira colocada no plano do aparelho?

*Resposta.* Porque só assim a distância $l_2 l_3$ será o erro verdadeiro. Caso a mira seja colocada acima do plano do aparelho, a distância entre $l_2$ e $l_3$ seria menor do que o erro; se a mira estivesse abaixo do plano, a distância seria maior do que o erro (Figs. 17.17 e 17.18).

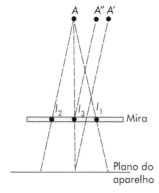

**Figura 17.17**

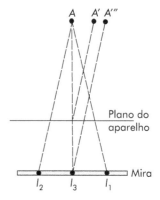

**Figura 17.18**

# 18
# Altimetria-nivelamento geométrico

Neste capítulo, ao introduzirmos a altimetria, estudaremos o nivelamento geométrico, seu princípio básico, o nível topográfico e as miras ou estádias.

Desde o início do livro, temos estudado apenas problemas que se referem à planimetria, isto é, relacionados ao plano horizontal; temos sempre nos preocupado com ângulos e distâncias horizontais. Somente agora iniciaremos a parte de altimetria, onde nosso objetivo é medir grandezas verticais, distâncias e ângulos verticais.

Nas áreas que são objeto de levantamentos topográficos, de extensão relativamente pequena, podemos considerar a superfície como plana e não esférica. Nesse caso, um plano é chamado *horizontal* quando é perpendicular à vertical do lugar; por sua vez, vertical do lugar é a linha que partindo do ponto em que nos encontramos liga-se ao centro da terra, linha esta representada pelo fio de prumo. O plano horizontal de referência para os trabalhos de nivelamento é o do nível do mar, isto é, o plano horizontal local que guarda a mesma distância do nível do mar ao centro da terra. O nível do mar fica então sendo o plano de referência para todos os trabalhos de altimetria, seja qual for o local da terra em que nos encontramos; ele servirá sempre como termo de comparação. Podemos dizer que o Monte Everest, no Himalaia, é mais alto do que o Monte Aconcágua, nos Andes, sem que tenha sido feito um trabalho de nivelamento direto entre as duas elevações. O que já se fez, foi a determinação da diferença de nível entre o Everest e o mar (no Oceano Índico ou Pacífico) e entre o Aconcágua e o mar (no Oceano Pacífico). Já que os mares guardam sensivelmente o mesmo nível, a diferença entre as diferenças nos dá o desnível entre as duas cordilheiras tão distantes uma da outra.

O nível do mar é conduzido para o interior dos continentes por trabalhos de nivelamento de alta precisão, sendo então colocadas marcas de referência de nível, em pontos previamente planejados, para que outros trabalhos se baseiem neles. Este transporte do nível do mar, por ser trabalho de grande responsabilidade, é geralmente efetuado por entidades especializadas. Marcas de referência de nível podem ser encontrados nas estações de estrada de ferro, nas praças centrais das cidades, nos reservatórios de água para distribuição urbana etc.

Sempre que necessitarmos nivelamentos que serão utilizados em projetos de importância, eles devem se referir ao nível do mar, porém, quando efetuarmos levantamento de interesse apenas particular, podemos fixar uma referência de nível arbitrária escolhendo-se, nesse caso, um valor inteiro qualquer, estipulando-se que um determinado ponto possui, por exemplo, cota ou elevação de 100 m.

Vejamos qual a teoria básica dos trabalhos de nivelamento geométrico.

A Figura 18.1 mostra a determinação da diferença de elevação (ou de diferença de cota) entre 2 pontos $A$ e $B$ determinados por nivelamento geométrico. Consiste em se fazer passar uma reta horizontal sobre os dois pontos medindo-se as distâncias verticais $l_x$ e $l_2$ entre a reta e os pontos $A$ e $B$. O valor $l_2 - l_1$ representa a diferença de elevação entre os 2 pontos. Este é o principio teórico do nivelamento geométrico.

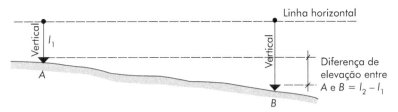

**Figura 18.1** Teoria básica do nivelamento geométrico.

Vamos agora materializar a reta horizontal e as medidas verticais $l_1$ e $l_2$. A reta horizontal é a linha de vista dada pelo nível topográfico, aparelho, até certo ponto, semelhante ao trânsito, porém muito mais simples pois destina-se unicamente a nos fornecer uma linha de vista horizontal, não se preocupando com ângulos verticais e horizontais. A Figura 18.2 mostra a fotografia de nível GK-1 da Fábrica KERN. Basicamente, o nível possui um tubo de bolha cujo eixo é paralelo à linha de vista, então, quando centramos a bolha, a linha de vista estará horizontal. Em outro capítulo, abordaremos os diferentes tipos de aparelhos das diversas fábricas. Neste capítulo, basta saber que ele nos fornece a linha de vista horizontal.

**Figura 18.2** Nível GK-1, da Fábrica Kern (de Aarau-Suíça).

Os valores $l_1$ e $l_2$ resultam de leituras feitas sobre uma régua graduada chamada MIRA (alguns chamam de "estádia"). A *mira* é uma peça com 4 m de altura, graduada de centímetro em centímetro, destinada a ser lida através da luneta do aparelho, portanto a grandes distâncias. A distância mínima de visada é de cerca de 2 m e a máxima de cerca de 70 m (com precisão) ou de cerca de 100 m (sem precisão). Já que deve ser lida à grande distância, a mira precisa ser graduada de forma especial que permita a sua leitura mesmo que se possa ver apenas uma pequena parcela do seu comprimento; por esta razão, a separação de centímetro em centímetro, em lugar de ser feita com traços como numa escala comum de desenho, é feita com faixas, uma branca e outra preta, cada uma delas com a largura de um centímetro; isto aumenta a visibilidade. A Figura 18.3 representa um pedaço de mira; a graduação representada é apenas de um dos diversos tipos encontrados no mercado; existem muitos outros. A leitura é sempre feita com quatro algarismos que representam, da esquerda para a direita: metro, decímetro, centímetro e milímetro; o número de metros é lido por meio do número de círculos sobre os algarismos; o número de decímetros é o próprio algarismo; o número de centímetros é contado a partir de zero na passagem de preto para branco mais saliente, e o número de milímetros é avaliado.

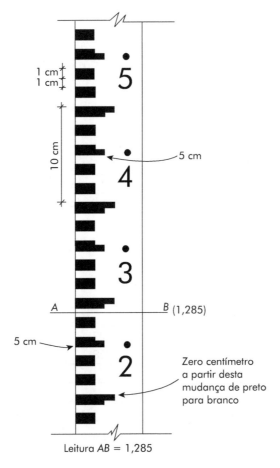

**Figura 18.3** Mira, tipo de graduação.

Voltando à Figura 18.1, vemos que o princípio ali representado explica a teoria do nivelamento geométrico, mas, aplicado para o conhecimento da diferença de nível entre apenas dois pontos. Quando temos um número grande de pontos, distanciados entre si, aparece a necessidade de metodizar o processo de forma a tornar possível a anotação nas cadernetas de campo. Por essa razão, surgirão títulos como: visada à ré, visada a vante, altura de instrumento; por sua vez as visadas a vante serão subdivididas em visadas a vante intermediárias e visadas a vante de mudança. Para melhor explicação daremos um exemplo em que aparece um corte do terreno com diversas estacas, leituras de mira e diversas posições do instrumento [(Tabela 18.1) e (Figura 18.4)]; os aparelhos desenhados são apenas indicativos (esquemáticos), sendo a sua posição sem qualquer importância, valendo apenas a cota da linha de vista. Alertamos que RN significa que a estaca 1 foi usada como referência de nível.

Prova de cálculo (Tabela 18.1):

| Cota inicial | 100,000 |
| + soma de visadas a ré | 2,792 |
| | 102,792 |
| – soma de visadas a vante de mudança | 13,635 |
| Cota final | 89,157 |

Em todos os cálculos, foi utilizada apenas uma fórmula:
altura do instrumento = cota do ponto + visada, ou
cota = altura do instrumento – visada.

**Tabela 18.1**

| Estaca | Visada à ré | Altura do instrumento | Visada a vante intermediária | Visada a vante de mudança | Cota ou elevação |
|---|---|---|---|---|---|
| RN-1 | 0,842 | 100,842 | | | 100,000 |
| 2 | | | 1,352 | | 99,490 |
| 3 | | | | 3,604 | 97,238 |
| | 0,508 | 97,746 | | | |
| 4 | | | | 2,981 | 94,765 |
| | 0,327 | 95,092 | | | |
| 5 | | | 1,922 | | 93,170 |
| 6 | | | 3,028 | | 92,064 |
| 7 | | | | 3,904 | 91,188 |
| | 1,115 | 92,303 | | | |
| 8 | | | | 3,146 | 89,157 |
| soma = | 2,792 | | | 13,635 | |

# Altimetria-nivelamento geométrico

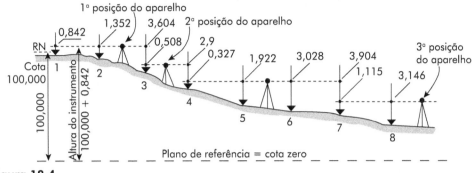

**Figura 18.4**

Conclusões e definições que podem ser verificadas no exemplo dado:

1. *Altura do instrumento* é a distância vertical entre 2 planos horizontais: o de cota zero e o plano do aparelho, isto é, aquele que contém a linha de vista do nível; a rigor, altura do instrumento é a cota do aparelho. Vemos, portanto, que não é a altura do próprio aparelho, e sim a sua cota.

2. *Visada à ré* pode ser feita para a frente, para trás, ou para os lados, portanto não é a direção da visada que faz com que ela seja *à ré*, e sim a sua finalidade. *Visada à ré* é aquela que é feita para um ponto de cota conhecida, com a finalidade de determinarmos a *altura do instrumento*.

3. *Visada a vante* também não depende da direção e sim do seu objetivo. Por isto, chamamos *visada a vante* àquela que é feita com o intuito de se determinar a cota do ponto onde está a mira. É por esta razão que as visadas para os pontos 2, 5, 6 e 8 chamam-se *a vante*, mesmo sendo feitas para trás.

4. Não importa o local em que está o aparelho e sim a sua altura, isto é, a sua cota; por esta razão, o *nível* não necessita de fio de prumo, pois não será colocado sobre uma estaca.

5. A *prova de cálculo*, como o próprio nome indica, é feita com a finalidade de verificarmos as operações aritméticas.

6. Qual é a diferenciação entre visadas a vante de mudança e intermediária? Bem, ambas são visadas a vante, portanto ambas servem para determinar a cota do ponto onde está a mira; a diferença é que, num caso, este ponto vem a receber posteriormente uma visada à ré porque o instrumento mudou de posição (então teremos tido uma visada a vante de mudança) e no outro caso tal não acontece (e teremos tido uma simples visada a vante intermediária).

7. Por que essa diferenciação? Porque a visada a vante de mudança influencia a cota final, enquanto a intermediária não; esta afeta apenas a cota do ponto visado; um erro praticado na visada a vante intermediária afeta apenas a cota do ponto visado (o erro morre aí), enquanto um erro na visada a vante de mudança afeta todo o trabalho em sequência. É por essa razão, também, que a prova de cálculo citada no item 5 só utiliza a somatória das visadas a vante de mudança.

A seguir, faremos exercícios cuja finalidade é obrigar ao raciocínio sobre esse assunto: não tem relação com a prática, pois usa frequentemente ordem inversa, ou seja, sendo conhecidos resultados posteriores devemos descobrir as medidas que permitam o seu cálculo.

**EXERCÍCIO 18.1** Completar a Tabela 18.2 com os valores em falta e fazer a prova de cálculo.

Tabela 18.2

| Estaca | Visada à ré | Altura do instrumento | Visada a vante intermediária | Visada a vante de mudança | Cota |
|---|---|---|---|---|---|
| RN-1 | | | | | 152,423 |
| | | 152,592 | | | |
| 2 | | | | | 150,137 |
| 3 | | | | 3,528 | |
| | 0,708 | | | | |
| 4 | | | | | 148,213 |
| 5 | | | | | |
| | 1,102 | | | | |
| 6 | | | 2,955 | | 144,867 |
| 7 | | | | 3,513 | |
| | | 145,169 | | | |
| 8 | | | | | 143,912 |
| 9 | | | 2,113 | | |
| 10 | | | | | 141,734 |
| | 0,804 | | | | |
| 11 | | | 0,912 | | |
| 12 | | | 1,215 | | |
| 13 | | | | | 140,238 |
| 14 | | | 3,008 | | |
| 15 | | | | | 138,912 |

Devemos descobrir onde faltam valores na Tabela 18.2 e como obtê-los. Em virtude da dificuldade em explicar como resolver o exercício, usaremos o seguinte expediente: as operações aritméticas realizadas serão numeradas e sua ordem representa a sequência da solução; no final faremos uma repetição da tabela com os valores calculados **em negrito** (Tabela 18.3).

*Solução.*

1)  152,592
  − 152,423   visada à ré
    0,169

2)  152,592
  − 150,137   visada a vante
    2,455    intermediária
             para 2

3)  152,592
  − 3,528    cota do
    149,064  ponto 3

4)  149,064
  + 0,708    altura do
    149,772  instrumento

5)  149,772
  − 148,213  visada a vante
    1,559    intermediária
             para 4

6)  144,867
  + 2,955    altura do
    147,822  instrumento

7)  147,822
  − 1,102    cota
    146,720  do ponto 5

8)  149,772
  − 146,720  visada a vante
    3,052    de mudança
             para 5

9)  147,822
  − 3,513    cota
    144,309  do ponto 7

10) 145,169
  − 144,309  visada à ré
    0,860    para o ponto 7

11) 145,169
  − 143,912  visada a vante
    1,257    intermediária
             para 8

12) 145,169
  − 2,113    cota do
    143,056  ponto 9

13) 145,169
  − 141,734  visada a vante
    3,435    de mudança
             para 10

14) 141,734
  + 0,804    altura do
    142,538  instrumento

15) 142,538
  − 0,912    cota do
    141,626  ponto 11

16) 142,538
  − 1,215    cota do
    141,323  ponto 12

17) 142,538
  − 140,238  visada a vante
    2,300    intermediária
             para 13

18) 142,538
  − 3,008    cota do
    139,530  ponto 14

19) 142,538
  − 138,912  visada a vante
    3,626    de mudança
             para 10
             (visada final)

Prova de cálculo

| | |
|---|---:|
| Cota inicial | 152,423 |
| + soma de visada à ré | 3,643 |
| | 156,066 |
| − soma de visadas a vante de mudança | 17,154 |
| Cota final | 138,912 |

Tabela 18.3

| Estaca | Visada à ré | Altura do instrumento | Visada a vante intermediária | Visada a vante de mudança | Cota |
|---|---|---|---|---|---|
| RN-1 | | | | | 152,423 |
| | 0,169 | 152,592 | | | |
| 2 | | | 2,455 | | 150,137 |
| 3 | | | | 3,528 | **149,064** |
| | 0,708 | **149,772** | | | |
| 4 | | | 1,559 | | 148,213 |
| 5 | | | | 3,052 | **146,720** |
| | 1,102 | **147,822** | | | |
| 6 | | | 2,955 | | 144,867 |
| 7 | | | | 3,513 | **144,309** |
| | 0,860 | 145,169 | | | |
| 8 | | | 1,257 | | 143,912 |
| 9 | | | 2,113 | | **143,056** |
| 10 | | | | 3,435 | 141,734 |
| | 0,804 | **142,538** | | | |
| 11 | | | 0,912 | | **141,626** |
| 12 | | | 1,215 | | **141,323** |
| 13 | | | 2,300 | | 140,238 |
| 14 | | | 3,008 | | **139,530** |
| 15 | | | | 3,626 | 138,912 |
| | **3,643** | | | **17,154** | |

*Exercício* 18.2. Baseado no esquema da Figura 18.5, organizar a tabela de nivelamento preenchendo com todos os valores (dados e calculados) e fazer a prova de cálculo.

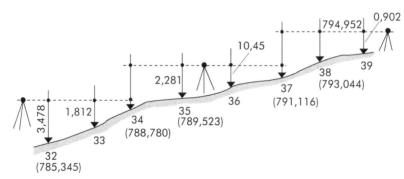

**Figura 18.5**

Usaremos o mesmo sistema do exercício anterior, isto é, faremos as operações aritméticas pela ordem para melhor entendimento; a Tabela 18.4 apresenta **em negrito** os valores calculados e em impressão normal os valores dados.

1)     785,345  
 +   3,478    1ª altura  
    **788,823**    do instrumento

2)    788,823  
 −   1,812    cota do  
    **787,011**    ponto 33

3)    788,823  
 −  788,780    visada a vante  
    **0,043**    de mudança para 34

4)    789,523  
 +   2,281    2ª altura  
    **791,804**    do instrumento

5)    791,804  
 −  788,780    visada à ré  
    **3,024**    para 34

6)    791,804  
 −   1,045    cota do  
    **790,759**    ponto 36

7)    791,804  
 −  791,116    visada a vante  
    **0,688**    de mudança para 37

8)    794,952  
 −  791,116    visada à ré  
    **3,836**    para o ponto 37

9)    794,952  
 −  793,044    visada a vante  
    **1,908**    intermediária para o ponto 38

10)    794,952  
 −   0,902    cota do  
    **794,050**    ponto 39

Prova de cálculo

| | |
|---|---:|
| Cota inicial | 785,345 |
| + soma de visadas à ré | 10,338 |
| | 795,683 |
| − soma de visadas a vante de mudança | 1,633 |
| Cota final | 794,050 (correto) |

Tabela 18.4

| Estaca | Visada à ré | Altura do instrumento | Visada a vante intermediária | Visada a vante de mudança | Cota |
|---|---|---|---|---|---|
| 32 | | | | | 785,345 |
| | 3,478 | **788,823** | | | |
| 33 | | | 1,812 | | **787,011** |
| 34 | | | | **0,043** | 788,780 |
| | **3,024** | **791,804** | | | |
| 35 | | | 2,281 | | 789,523 |
| 36 | | | 1,045 | | **790,759** |
| 37 | | | | **0,688** | 791,116 |
| | **3,836** | 794,952 | | | |
| 38 | | | 1,908 | | 793,044 |
| 39 | | | | 0,902 | **794,050** |
| | **10,338** | | | **1,633** | |

# 19
## Retificação de níveis

Os níveis apresentam três linhas fundamentais:
a)  linha de vista;
b)  eixo da bolha;
c)  eixo vertical.

Essas três linhas estão presentes em todos os modelos de nível, exceto nos modelos automáticos onde não existem as bolhas de alta sensibilidade, já que o automático elimina a necessidade. Permanece um dispositivo de bolha circular de baixa sensibilidade.

Estabelecem-se, então, entre as três linhas, duas condições:

1. Linha de vista paralela ao eixo da bolha. Essa condição é indispensável pois sem ela não podemos colocar a linha de vista em posição horizontal, o que é fundamental.
2. Eixo da bolha perpendicular ao eixo vertical. Esta condição é necessária para que a bolha permaneça centrada em todas as direções de visadas. Não é, porém, indispensável, porque podemos centrar a bolha em cada visada, o que dá mais trabalho, mas permite o uso do nível.

As duas condições devem ser procuradas em qualquer modelo de nível com algumas pequenas diferenças.

A seguir veremos como se consegue as duas condições em cada tipo de nível.

## NÍVEL TIPO ÍPSILON (Y) OU AMERICANO

Este modelo (Figura 19.1) apresenta a característica de ter a luneta removível. A luneta pode girar em torno do seu próprio eixo ser retirada e recolocada com as extremidades trocadas.

Em todos os tipos de aparelhos, as retificações devem obedecer a uma sequência determinada. Neste modelo a sequência é:

1.ª retificação: tornar a linha de vista paralela ao eixo da bolha;
2.ª retificação: tornar o eixo da bolha perpendicular ao eixo vertical.

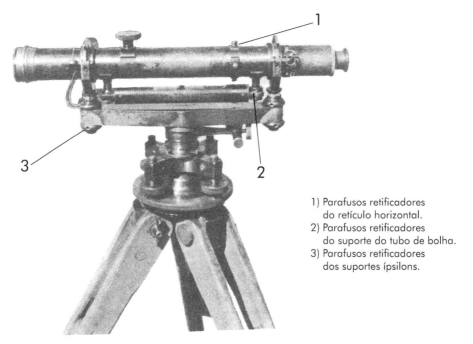

**Figura 19.1** Nível tipo Y (fabricação Keuffel e Esser).

## Tornar a linha de vista paralela ao eixo da bolha

Esta retificação é conseguida em duas etapas:

1.ª *etapa:* tornar a linha de vista paralela à linha dos *ípsilons.*

A linha dos ípsilons é a reta que liga os dois pontos de apoio da luneta nos suportes.

*Verificação do nível.* Com as braçadeiras dos ípsilons abertas para permitir o movimento da luneta, faremos a leitura $l_1$, numa mira colocada a cerca de 50 m. Giramos a luneta 180° em torno do seu próprio eixo longitudinal e fazemos, na mira, a leitura $l_2$. Caso a leitura $l_2$ seja diferente de $l_2$, o nível estará desretificado.

*Identificação do defeito.* A Figura 19.2 mostra que, se a linha de vista não estiver paralela à linha dos *ípsilons*, a leitura, em lugar de incidir em $l_3$ (correta), incidirá em outra leitura, digamos $l_1$. Estamos supondo um erro angular *e* para cima. Ao girarmos a luneta em torno do seu próprio eixo, o erro *e* passará para baixo e a leitura resultará $l_2$. Se não houvesse erro, as duas leituras ($l_1$ e $l_2$) coincidiriam em $l_3$, sinal de que o nível estaria correto. Vemos, então, que $l_3 = (l_1 + l_2)/2$.

*Correção do aparelho.* Deslocamos a leitura de $l_2$ para $l_3$, usando para isso os parafusos retificadores do retículo horizontal, colocados na luneta próximos à ocular, um em cima, outro embaixo [(1) da Fig. 19.1].

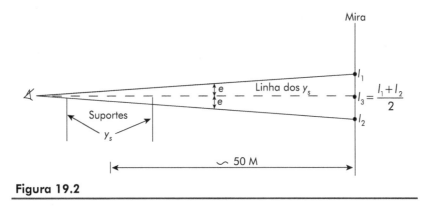

**Figura 19.2**

2.ª *etapa:* tornar o eixo da bolha paralelo à linha dos *ípsilons*.

*Verificação do nível.* Mantemos ainda as braçadeiras dos ípsilons abertas e centramos rigorosamente a bolha. Retiramos a luneta dos suportes e a recolocamos com as extremidades trocadas. Caso a bolha não permaneça centrada é prova de que o nível está desretificado.

*Identificação do defeito.* Vemos na Figura 19.3 que ao centrar a bolha, colocando seu eixo horizontal, a linha dos ípsilons ficará inclinada formando um erro angular *e*. Quando recolocamos a luneta com as extremidades trocadas, vemos, na Figura 19.4, que a bolha saiu de centro, já que houve um ângulo 2*e* do eixo da bolha com a horizontal; este é o erro aparente (2*e*). O erro real é *e*. Portanto, o erro aparente é o dobro do erro real. Os suportes ípsilons *A* e *B* não mudaram de posição durante a verificação.

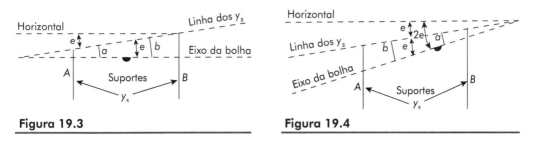

**Figura 19.3**    **Figura 19.4**

*Correção do nível.* Com os parafusos retificadores dos suportes da bolha, corrigimos a metade da distância que saiu do centro; fazemos a correção com os parafusos (2) da Figura 19.1.

Para constatar se o erro foi corrigido totalmente, em seguida, acabamos de centrar a bolha com os parafusos calantes e novamente trocamos as extremidades da luneta sobre os suportes ípsilons. Se a bolha permanecer centrada, todo o erro terá sido corrigido. Caso contrário, devemos corrigir novamente metade do erro que sobrou, sempre com os parafusos retificadores da bolha.

## Tomar o eixo da bolha perpendicular ao eixo vertical

*Verificação do nível.* Centramos com muita firmeza a bolha, preferivelmente na direção de dois parafusos calantes opostos. Giramos o aparelho 180° em torno do eixo vertical; se a bolha sair do centro é prova que o nível está desretificado.

*Identificação do defeito.* A Figura 19.5 mostra como fica o nível quando nós centramos a bolha cujos suportes $a$ e $b$ já estão retificados. Mas, como os suportes $Y_s$, $A$ e $B$ podem estar com comprimentos diferentes, a posição do eixo vertical será errada, isto é, formando um erro angular e com a vertical. Quando giramos 180° em torno do eixo vertical, este, permanecendo com o mesmo erro e, resulta a Figura 19.6. Nesta figura vemos que os suportes ípsilons $A$ e $B$ trocaram de lado, levando o eixo da bolha a ficar inclinado de um ângulo $2e$ que é o erro aparente. Portanto esse erro aparente $2e$ é o dobro do erro real $e$ (que deve ser corrigido).

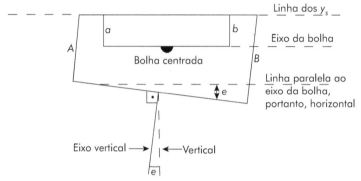

**Figura 19.5** $a$, $b$ = suportes da bolha (já retificados, portanto iguais)
$A$, $B$ = suportes ípsilons (ainda não retificado).

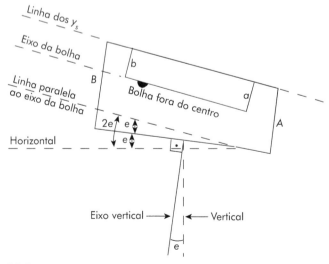

**Figura 19.6**

*Correção do nível.* Utilizando os parafusos ratificados dos suportes ípsilons, faremos cora que a bolha volte metade da distância que havia fugido do centro. Para constatar se o erro foi totalmente corrigido, acabamos de centrar a bolha com os parafusos calantes e tornamos a girar 180° em torno do eixo vertical. A bolha deve permanecer centrada, caso contrário corrigiremos novamente metade do erro restante, até ficar perfeito.

Esse modelo de nível, tipo ípsilon ou americano, já teve muita importância no passado. Atualmente o nível tipo inglês, também conhecido como d*umpy levei*, é o modelo preferido pelos melhores fabricantes, Zeiss, Wild, Kern etc. Essas fábricas só produzem o tipo inglês, alguns deles já automatizados, isto é, com dispositivos que fazem as pequenas inclinações serem automaticamente eliminadas (sob ação da força da gravidade).

No entanto, durante muitos anos, os modelos ípsilons foram os melhores porque permitiam correções melhores e mais rápidas. Com o adiantamento da técnica de produção de lentes e de tubos de bolha cada vez mais sensíveis e perfeitos, o tipo *dumpy* passou a ser preferido.

Alguns níveis do tipo ípsilon apresentam ainda a correção do desvio lateral do tubo da bolha.

## Correção do desvio lateral do tubo da bolha

O tubo da bolha deve ter seu eixo no mesmo plano vertical que contém a linha de vista. Quando isto não acontece, ao girarmos levemente a luneta em torno do seu próprio eixo longitudinal, a bolha sairá do centro. Neste caso devemos centrá-la completamente (portanto corrigindo o erro total) com os parafusos *laterais* de correção da bolha, como indica a Figura 19.7. O par de parafusos verticais é utilizado para corrigir o erro da 2.ª etapa da 1.ª retificação e o par lateral é que serve para corrigir o desvio lateral.

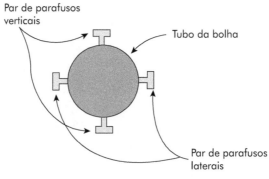

**Figura 19.7**

## NÍVEL TIPO INGLÊS (*DUMPY LEVEL*)

É o modelo preferido atualmente. Com o avanço da óptica, as lentes podem ter maior grau conservando a exatidão; por outro lado, os tubos de bolha podem ser mais sensíveis (menor curvatura) sem perder também a precisão. Com esses dois fatores, podem ser fabricados níveis pequenos e de alta sensibilidade e precisão. É o que acontece cora os níveis *tipo inglês* atuais. Os modelos mais precisos possuem o chamado *parafuso de elevação*, enquanto que os modelos mais econômicos não têm. O *parafuso de elevação* altera o estudo das retificações. Por esta razão estudaremos inicialmente o modelo mais simples, isto é, sem *parafuso de elevação* (Figs. 19.8 e 19.9).

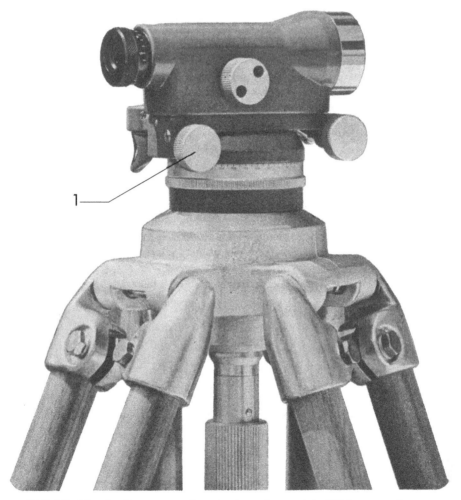

**Figura 19.8** Nível tipo inglês com parafuso de elevação, modelo GK-1, marca Kern.
(1) Parafuso de elevação.

**Figura 19.9** Nível tipo inglês sem parafuso de elevação (dumpy level). (1) Parafusos retificadores dos retículos, (2) parafusos retificadores da bolha.

## NÍVEL TIPO INGLÊS SEM PARAFUSO DE ELEVAÇÃO

### Tornar o eixo da bolha perpendicular ao eixo vertical

*Verificação do nível.* Partindo da bolha rigorosamente centrada, giramos o aparelho 180° em torno do eixo vertical. Caso a bolha não permaneça centrada, o aparelho necessita ser corrigido.

*Identificação do defeito.* Vemos na Figura 19.10 que, ao centrar a bolha, o eixo vertical fica inclinado com um erro $e$ em relação à vertical. Isso porque os suportes $a$ e $b$ do tubo da bolha têm comprimentos diferentes. Ao girar 180° em torno do eixo vertical o nível assume a posição representada pela Figura 19.11, isto é, com o eixo da bolha inclinado com valor $2e$ em relação à horizontal. O valor $2e$ é o erro aparente, enquanto que o erro real é somente $e$. A conclusão é: o erro aparente é o dobro do erro real.

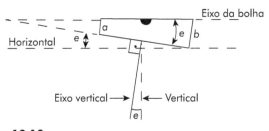

**Figura 19.10**

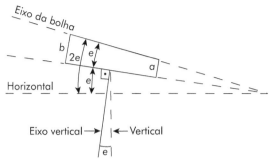

**Figura 19.11**

*Correção do nível.* Fazemos a bolha voltar metade da distância que fugiu do centro com os parafusos retificadores do tubo da bolha [(2) da Figura 19.9].

Para constatar a total correção, devemos completar a centragem da bolha com os parafusos calantes e tornar a girar 180° em torno do eixo vertical. A bolha deverá permanecer centrada.

### Tornar a linha de vista paralela ao eixo da bolha

*Verificação do nível.* Marcamos três pontos alinhados e equidistantes ($A$, $O$ e $B$) num terreno horizontal relativamente limpo. As distâncias $AO = OB$ devem ser cerca de 30 a 40 m (Figura 19.12). O nível deve ser estacionado no ponto $O$. Com a bolha rigorosamente centrada fazemos as leituras $l_1$ na mira sobre a estaca $A$ e $l_2$ na mira sobre a estaca $B$. A diferença das leituras ($l_2 - l_1$) ou ($l_1 - l_2$) dará a diferença de cota correta entre $A$ e $B$, mesmo que o nível esteja desretificado, como pode ser constatado na Figura 19.12.

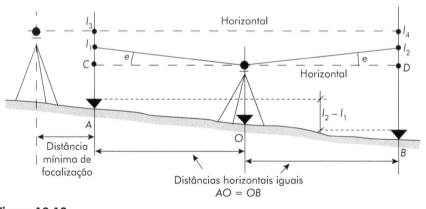

**Figura 19.12**

Em seguida, estacionamos o nível atrás de uma das estacas, $A$ ou $B$, digamos $A$. O aparelho deve ser colocado o mais próximo possível de $A$ contanto que se possa focalizar a mira sobre a estaca $A$. Com a bolha rigorosamente centrada fazemos uma leitura na mira em $A$, seja $l_3$. Agora calculamos a leitura $l_4$ que deve ser feita sobre a mira em $B$ para que a linha de vista seja horizontal. A leitura $l_4$ é calculada pela fórmula:

$$l_4 = l_3 \pm (\text{diferença de cota}).$$

Os sinais + ou – dependem do sentido da declividade do terreno. No exemplo da Figura 19.12 em que o ponto $A$ é mais elevado do que $B$, temos diferença de cota $= l_2 - l_1$, então

$$l_4 = l_3 + (l_2 - l_1).$$

Se ao visarmos para a mira sobre a estaca $B$ não obtivermos a leitura $l_4$ calculada, será prova de que o nível está desretificado.

*Identificação do defeito.* Enquanto o nível estava na estaca O com a bolha rigorosamente centrada, se no caso a linha de vista já fosse paralela a ela, as leituras não seriam em $l_1$ e $l_2$ e sim em C e D. No entanto, supondo a linha de vista com um erro angular $e$ obtemos $l_1$ e $l_2$ errados, mas com erros iguais já que $AO = OB$. É por essa razão que a diferença de leituras elimina os erros e resulta na diferença correta de cotas entre A e B, Quando o nível vai para trás do ponto $A$ podemos considerar a leitura $l_3$ como correta em virtude da pequena distância até $A$. Por isso, para que a linha de vista seja horizontal é necessário que

$$l_4 = l_3 + (l_2 - l_1).$$

*Correção do nível.* Constatando que a leitura na mira sobre a estaca $B$ não coincide com $l_4$, fazemos chegar a este valor utilizando os parafusos retificadores do retículo horizontal (trata-se de um par de parafusos colocados verticalmente. na luneta, próximo à ocular) [(1) da Figura 19.9].

## NÍVEL TIPO INGLÊS COM PARAFUSO DE ELEVAÇÃO

O parafuso de elevação tem a finalidade de provocar pequenas inclinações na linha de vista e no eixo da bolha sem necessidade de usarmos os parafusos calantes. É de passo micrométrico e de curto campo de ação. Este parafuso de elevação só é encontrado nos níveis destinados a maiores precisões.

Qual seria a sua razão de ser? Tentaremos argumentar. Um nível de alta precisão necessariamente será de alta sensibilidade, isto é, o tubo de bolha deverá acusar qualquer erro de inclinação da linha de vista, por menor que seja. Esse erro só pode ser denunciado por uma saída da bolha do centro exato do tubo. De fato, nos níveis de alta precisão, a bolha é tão sensível que pequenos fatores já a deslocam: o vento agindo sobre o aparelho, a mudança da focalização, um giro em torno do eixo vertical etc. Já que a linha de vista é paralela ao eixo da bolha, ela só ficará realmente horizontal quando a bolha estiver rigorosamente centrada. Num aparelho sem parafuso de elevação esta centragem deverá ser feita com os parafusos calantes, que pela sua natureza tornam a operação difícil e pouco precisa. O parafuso de elevação vem sanar esta falta, pois, sendo micrométrico, é de movimento fácil e preciso.

E qual sua influência na tarefa das retificações? É evidente que o uso do parafuso altera a posição relativa entre o eixo do tubo de bolha e o eixo vertical, e não terá sentido fazer a retificação para tornar estas duas linhas perpendiculares entre si; portanto, nos níveis do tipo inglês com parafuso de elevação, só se fará uma retificação: "tornar a linha de vista paralela ao eixo da bolha" pelo processo já estudado nos níveis tipo inglês sem parafuso de elevação. Consequentemente a outra retificação ("tornar o eixo da bolha perpendicular ao eixo vertical") não será feita.

## NÍVEIS AUTOMÁTICOS

Estes níveis tais como o *Ni*-2 e *Ni*-4 da Zeiss, o GKOA e GK1A da Kern e tantos outros, têm dispositivos que agindo sob o efeito da gravidade corrigem automaticamente pequenos erros de inclinação da linha de vista. Nestes aparelhos, desaparece, é claro, a necessidade dos parafusos de elevação. E dependendo da sofisticação do dispositivo, os níveis automáticos poderão ser tão precisos quanto os melhores níveis não automáticos, ou menos precisos nos modelos menos sofisticados. De qualquer forma, todo o dispositivo automático pode apresentar defeito e portanto devemos proceder a verificações periódicas. Como fazê-las? Devemos aplicar método igual ao empregado no nível tipo inglês não automático, com ou sem parafuso de elevação: marcar os três pontos *A*, *O*, *B*, alinhados e equidistantes etc. Geralmente os níveis automáticos possuem parafusos que regulam os dispositivos e devem ser usados para levar a leitura para o valor $l_4$ já estudado. Para isso, devem ser consultados os catálogos dos fabricantes.

# 20
## Taqueometria

Quando utilizamos um teodolito para medir apenas ângulos horizontais, percebemos que algumas das suas peças não são usadas: o círculo vertical, o tubo de bolha da luneta e dois dos quatro retículos, o horizontal inferior e o horizontal superior que podem ser chamados de retículos taqueométricos ou estadimétricos (Figura 20.1). Realmente, essas peças não têm utilidade para medidas de ângulos horizontais. Elas completam o aparelho permitindo a obtenção de distâncias horizontais e verticais.

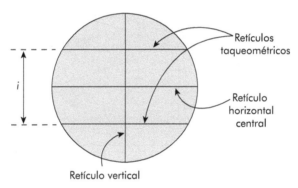

**Figura 20.1**

Analisemos o que se passa na luneta com as linhas de vista; de início, colocaremos a luneta em posição horizontal, isto é, o ângulo vertical ($\alpha$) igual a zero (Figura 20.2).

A vista do observador está no ponto P. O eixo vertical do aparelho está no ponto C estacionado na estaca 1 inicial. $F$ é o foco do sistema; $O$-$O$ é a lente ocular e $O_1$-$O_1$, é a objetiva. A mira está na estaca 2. Os triângulos $O_1$-$O_1$-$F$ e $ABF$ são semelhantes:

$$\frac{S}{f} = \frac{AB}{O_1 - O_1}$$

$O_1 - O_1$, é igual a $ab$, que é a distância entre os 2 retículos que chamamos de intervalo $i$. Em $A$ é feita a leitura superior de mira ($l_s$) e em $B$ é feita a leitura inferior ($l_i$). A diferença de leitura $l_s - l_i$. nos dá o intervalo de leitura de mira ($I$). $AB$ é igual a $I$, portanto

$$\frac{S}{f} = \frac{I}{i},$$

$$S = I\frac{f}{i}.$$

Mas queremos obter $D$; a distância entre as estacas 1 e 2 é $D = S + f + c$, portanto

$$D = I\frac{f}{i} + (f + c);$$

a relação $f/i$ é chamada de constante multiplicativa e $(f + c)$ é chamada de constante aditiva. Ambas são conhecidas como constantes de Reichembach.

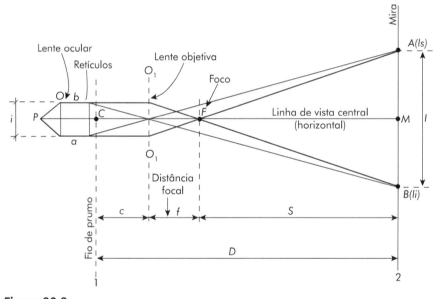

**Figura 20.2**

Então a distância entre os dois pontos, isto é, o ponto onde está o taqueômetro e o ponto onde está a mira (em posição vertical), desde que a luneta esteja em posição horizontal, é igual ao intervalo de leituras de mira ($I$) multiplicado pela constante $f/i$, geralmente, igual a 100 por motivos de ordem práticas, enquanto que a constante $(f + c)$ procura-se fazer igual a zero, também para tornar mais fácil o emprego da taqueometria. Voltaremos ao assunto mais adiante.

Vamos agora inclinar a luneta para ser estudado o caso geral. A Figura 20.3 representa a luneta inclinada de um ângulo qualquer ($\alpha$). Novamente por semelhança de triângulos temos:

$$\frac{S}{f} = \frac{A'B'}{i},$$

portanto,

$$S = A'B'\frac{f}{i};$$

a distância $D = S + f + c$, portanto,

$$D = A'B'\frac{f}{i} + (f+c);$$

mas, não conhecemos a distância $A'B'$ já que a mira é colocada na posição vertical e $A'B'$, imaginariamente, seria obtida se a mira fosse colocada inclinada perpendicularmente à linha de vista central $CM$. Relacionamos $A'B'$ com $AB$ fazendo uma ampliação de parte da Figura 20.3, na Figura 20.4; podemos ver que a reta $A'B'$ é perpendicular à linha de vista central e logicamente os ângulos β e γ são diferentes do ângulo reto, já que as linhas de vista superior e inferior não são paralelas à linha de vista central. Mas suponhamos que β e γ = 90°, depois discutiremos a validade ou não desta suposição; supondo então β = 90° e γ = 90°, temos:

$$\begin{array}{r}A'M = AM \cos\alpha \\ B'M = BM \cos\alpha \\ \hline A'M + B'M = (AM+BM)\cos\alpha\end{array}$$

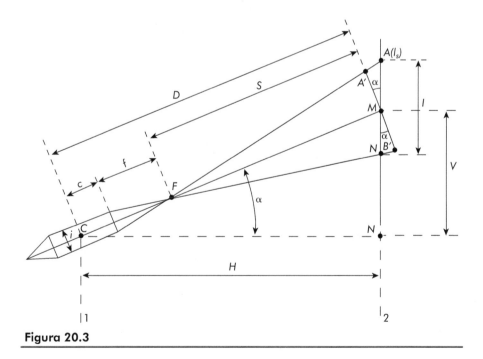

**Figura 20.3**

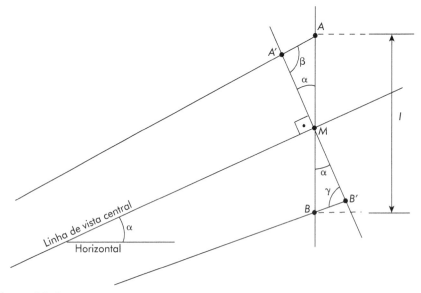

**Figura 20.4**

Portanto,

$$A'B = AB \cos \alpha,$$

mas $AB - I$ = intervalo de leituras de mira, $AB' - I \cos \alpha$; logo,

$$D = I\frac{f}{i}\cos \alpha + (f+c).$$

Como o que desejamos conhecer é $H$ e $V$, voltemos à Figura 20.3, $H = D \cos \alpha$ e $V = D \operatorname{sen} \alpha$; substituindo, teremos

$$H = I\frac{f}{i}\cos^2 \alpha + (f+c)\cos \alpha, \tag{1}$$

$$V = I\frac{f}{i}\operatorname{sen} \alpha \cos \alpha + (f+c)\operatorname{sen} \alpha. \tag{2}$$

Essas são as duas fórmulas básicas da taqueometria.

Voltemos agora a analisar a suposição de $\beta$ e $\gamma$ serem igualados a 90°. Realmente não são, mas a diferença é desprezível. $\beta$ é um pouco maior do que 90° e $\gamma$ é um pouco menor. Fazemos $\beta = 90 + e$ e $\gamma = 90 - e$, sendo $e$ a diferença para 90°. Dos triângulos $A'AM$ e $B'BM$ da Figura 20.4:

$$\frac{AM}{A'M} = \frac{\operatorname{sen} 90 + e}{\operatorname{sen}\left[90 - (\alpha + e)\right]},$$

$$\frac{BM}{B'M} = \frac{\operatorname{sen} 90 - e}{\operatorname{sen}\left[90 - (\alpha - e)\right]};$$

portanto,

$$AM + BM = (A'M + B'M)\frac{\cos e}{\cos(\alpha+e)} + \frac{\cos e}{\cos(\alpha-e)},$$

$$AB = A'B'\left[\frac{\cos e}{\cos(\alpha+e)} + \frac{\cos e}{\cos(\alpha-e)}\right];$$

por transformações trigonométricas, temos

$$A'B' = AB\cos\alpha - AB\frac{\operatorname{sen}^2\alpha}{\cos\alpha}\operatorname{tg}^2 e. \tag{3}$$

Pela Figura 20.5 (fora de escala) vemos que, para a constante multiplicativa $f/i = 100$ (que é a comum), o valor de $e$ será

$$\operatorname{tg} e = \frac{0,5}{100} = 0,005,$$

portanto

$$e = 0° \ 17' \ 11''.$$

Para $A'B' = 1$ m e $\alpha = 10°$, aplicando a fórmula (3), temos

$$A'B' = 1 \times \cos 10° - 1\frac{\operatorname{sen}^2 10°}{\cos 10°}\operatorname{tg}^2 0° \ 17'11'',$$

$$A'B' = 0,9848078 - \frac{0,0301537}{0,9848078} \times \overline{0,005}^2,$$

$$A'B' = 0,9848078 - 0,000000765.$$

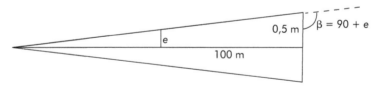

**Figura 20.5**

Este exemplo prova que o segundo termo da fórmula (3) é realmente desprezível, podendo-se tranquilamente aceitar $A'B' = AB\cos\alpha$ como foi feito na dedução.

Vamos reescrever as fórmulas (1) e (2) para comentar os seus termos:

$$H = I\frac{f}{i}\cos^2\alpha + (f+c)\cos\alpha,$$

$$V = I\frac{f}{i}\operatorname{sen}\alpha\cos\alpha + (f+c)\operatorname{sen}\alpha,$$

$H$ a distância horizontal; $I$ o intervalo de leitura de mira;

$f/i$ a constante multiplicadora; $\alpha$ o ângulo de inclinação;

$f + c$ a constante aditiva; e $V$ a diferença de cota entre dois pontos.

A distância horizontal (H) é a distância entre as duas estacas [a estaca 1 onde está estacionado o taqueômetro e a estaca 2 onde foi colocada a mira (verticalmente)]. O intervalo ($I$) entre as leituras de mira é a leitura superior menos a leitura inferior ($I = l_s - l_i$); $I$ é também chamado de "número gerador".

A constante multiplicativa $f/i$ resulta da divisão da distância focal ($f$) pelo intervalo entre os dois retículos estadimétricos ($i$). Atualmente todos os fabricantes, com pouquíssimas exceções, usam $f/i = 100$, que, além de ser um valor razoável, facilita os cálculos.

O ângulo de inclinação ($\alpha$) da linha de vista central é lido no círculo vertical do taqueômetro.

A constante aditiva ($f + c$) resulta da soma da distância focal ($f$) com o valor $c$ que é a distância entre o centro do aparelho e a objetiva, portanto ($f + c$) é a distância entre o centro $C$ do aparelho e o foco $F$. A maioria dos fabricantes constroem taqueômetros com ($f + c$) = zero facilitando também os cálculos.

Para isso, por meios ópticos, colocara o foco $F$ no centro $C$ da luneta, aplicando lentes objetivas divergentes.

A diferença de cota ($V$) vem da distância entre o ponto $M$ e o ponto $C$, isto é, a distância vertical entre o ponto em que a linha de vista central atinge a mira ($M$) e o centro da luneta ($C$). O ponto $C$, como já vimos, está na vertical do aparelho, isto é, na mesma vertical que contém o eixo vertical e o fio de prumo. Por outro lado, também o eixo horizontal em torno do qual gira a luneta (e a linha de vista) passa pelo ponto $C$.

Qual a utilidade do valor $V$? Serve para calcular a cota do ponto 2 em função da cota do ponto 1 (veja a Figura 20.6):

$$\text{Cota } 2 = \text{Cota } 1 + A.A + V - l_c.$$

O valor $A.A$ (altura do aparelho) é a distância vertical entre a estaca 1 e o ponto $C$. Na prática esse valor pode ser obtido de três formas diferentes: a) pode ser medido com uma pequena trena de bolso; b) podemos obtê-lo com a própria mira, colocando-a apoiada sobre a estaca 1 e procurando verticalizá-la o mais possível; c) ou ainda com certos taqueômetros que possuem uma barra cilíndrica no lugar do fio de prumo; esta barra, quando abaixada até encostar na estaca 1, permite a leitura da altura do aparelho ($A.A$); como exemplo, temos o tripé centrador da Kern; esta mesma barra serve para controlar a centralização do taqueômetro sobre a estaca, substituindo o fio de prumo e o prumo óptico. Como, quando aplicamos a altimetria à taqueometria não há grande precisão, a leitura de $A.A$ pode ser até o centímetro, não interessando o milímetro.

# Taqueometria

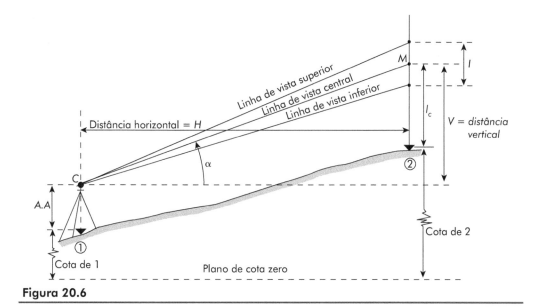

**Figura 20.6**

As cotas obtidas por meio de taqueometria constituem o chamado *nivelamento trigonométrico*, que é menos preciso do que o *nivelamento geométrico*; mais rápido, porém principalmente nos levantamentos por irradiação.

## Anotação em cadernetas de campo

Junto com a tabela de anotação de caderneta (Tabela 20.1), aproveitaremos para fazer alguns exemplos.

**Tabela 20.1**

| Estaca | Ponto visado | Leitura do circulo horizontal | Leituras de mira – Inferior | Leituras de mira – Central | Leituras de mira – Superior | Angulo vertical ($\alpha$) | H | V | Cota |
|---|---|---|---|---|---|---|---|---|---|
| A |  |  |  |  |  |  |  |  | 100,00 |
| 1,52 | 1 | 32° 12' | 1,000 | 1,242 | 1,484 | +4° 00' | 48,16 | +3,37 | 107,02 |
|  | 2 | 46° 53' | 0,600 | 1,111 | 1,623 | −7° 12' | 100,69 | −12,72 | 87,69 |
|  | 3 | 115° 14' | 1,200 | 1,635 | 2,070 | −1° 14' | 86,98 | −1,87 | 98,02 |
|  | 4 | 86° 30' | 1,278 | 1,500 | 1,722 | +10° 22' | 43,68 | +7,86 | 107,88 |
|  | 5 | 145° 24' | 1,715 | 2,000 | 2,285 | +7° 04' | 56,07 | +6,96 | 106,48 |
|  | 6 | 120° 08' | 1,000 | 1,142 | 1,284 | −3° 53' | 28,33 | −1,92 | 98,46 |
|  | 7 | 208° 33' | 1,260 | 1,630 | 2,000 | −8° 21' | 73,22 | −10,92 | 88,97 |
|  | 8 | 275° 10' | 1,805 | 2,002 | 2,200 | −15° 14' | 38,11 | −10,01 | 89,51 |
|  | 9 | 304° 58' | 1,000 | 1,333 | 1,665 | +8° 50' | 65,71 | +10,09 | 110,28 |
|  | 10 | 320° 45' | 0,800 | 1,040 | 1,280 | +3° 16' | 47,92 | +2,73 | 103,21 |

O taqueômetro possui as constantes $(f/i = 100)$ e $(f + c - \text{zero})$. O valor 1,52 m é a altura do aparelho que, para economizar uma coluna, pode ser anotado abaixo da estaca $A$. O taqueômetro foi estacionado na estaca $A$ e irradiou visadas para dez pontos (de 1 a 10). Vamos fazer o exemplo completo para o ponto 1 e apenas fornecer as respostas para os demais nove pontos. Desde que a constante aditiva $(f + c)$ seja zero, as fórmulas (1) e (2) ficam simplificadas:

$H = 100/\cos^2 \alpha$,

$V = 100/\text{sen } \alpha, \cos \alpha$, ou $V = 50I \text{ sen } 2\alpha$,

$H = 100(1,484 - 1,000) \cos^2 4° 00' - 48,16$ m,

$V = 50(1,484 - 1,000) \text{ sen } 8° 00' = +3,37$ m.

*Observação;* o sinal, positivo ou negativo de *V*, depende do sinal de $\alpha$.

Cota 1 = Cota $A + A.A + V - l_c$,

Cota 1 = 100,000 + 1,52 + 6,74 − 1,242 = 107,018 ≈ 107,02.

Os taqueômetros europeus em geral não usam o valor zero do círculo vertical para a luneta horizontal, porque poderá causar engano de sinal na leitura do ângulo vertical $\alpha$. Preferem colocar o valor zero no *zenit* ou no *nadir*. *Zenit* é a vertical para cima e *nadir* é vertical para baixo. Os aparelhos fornecem, portanto, os ângulos zenitais ou nadirais em lugar dos ângulos verticais. Quando o círculo vertical tiver o zero no *zenit*, a leitura será o ângulo zenital *Z* e calculamos o ângulo vertical $\alpha$ (Figura 20.7) por:

$$\alpha = 90 - Z.$$

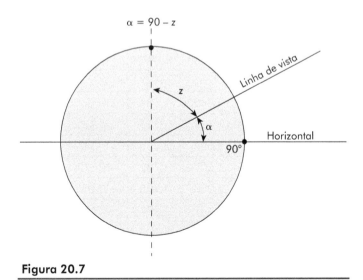

**Figura 20.7**

Quando a leitura de Z for menor do que 90°, o valor $a$ resultará positivo. Quando Z for maior do que 90°, $\alpha$ resultará negativo. Quando o zero estiver no *nadir*, o cálculo a efetuar será

$$\alpha = n - 90°,$$

sendo $n$ a leitura do ângulo nadiral.

É interessante destacar que o fato de $\alpha$ ser positivo não significa, necessariamente, que o ponto visado tenha cota superior à do ponto onde está o taqueômetro, como mostra a Figura 20.8, onde, apesar de $\alpha$ e $V$ serem positivos, a cota de 2 é menor do que a cota de 1 porque a leitura $l_c$ é muito grande (lembramos que a mira comumente tem 4 m).

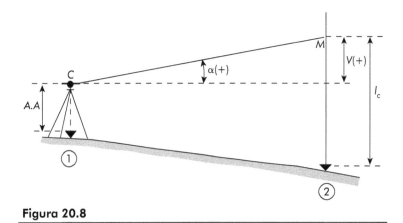

**Figura 20.8**

O mesmo acontece com $\alpha$ negativo que, necessariamente, não significa que o ponto visado tenha cota inferior à cota do ponto onde está o taqueômetro (Figura 20.9), onde $A.A$ é maior do que $V + l_c$, resultando assim a cota de 2 superior à cota de 1, apesar de $\alpha$ e $V$ serem negativos.

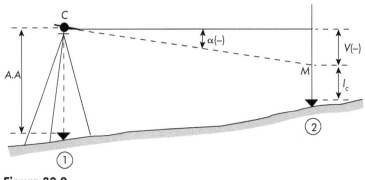

**Figura 20.9**

## Simplificações das fórmulas de taqueometria

Inegavelmente as fórmulas básicas de taqueometria (1) e (2) são de difícil aplicação:

$$H = 100I \cos^2 \alpha + (f + c) \cos \alpha,$$

$$V = 100I \operatorname{sen} \alpha \cos \alpha + (f + c) \operatorname{sen} \alpha.$$

Podemos até pensar que, caso não surgissem meios de simplificá-las, a taqueometria seria um processo abandonado, nos tempos atuais. Analisemos as simplificações do método.

1. *Tornar a constante multiplicativa (f/i) igual a cem.* Praticamente os fabricantes abandonaram a ideia de modificá-la para 50 ou 200 como em alguns aparelhos bem antigos. O método taqueométrico não oferece condições de ser aplicado para distâncias superiores a cerca de 100 m, pois cada milímetro de intervalo de leituras de mira ($I$) significa 10 cm na distância horizontal ($H$). Mesmo com lunetas possantes, com cerca de 30 vezes de aumento, não é pos sível a leitura precisa do milímetro na mira à distância superior a 100 m. Ora, a constante $f/i$ sendo cem, resulta um intervalo de leitura de mira ($I$) de 1 m a uma distância de 100 m, o que é razoável.

2. *Tornar a constante aditiva (f + c) igual a zero.* Essa providência, como já foi visto($f$ to torna as fórmulas bem mais simples:

$$H = 100/\cos^2 \alpha,$$

$$V = 50I \operatorname{sen} 2\alpha.$$

Para que $(f + c)$ seja igual a zero é necessário que o foco ($F$) do sistema óptico da luneta coincida com o ponto $C$. Tal fato é conseguido por projetos ópticos que se baseiem na aplicação da lente analática, inventada por Ignácio Porro, ou ainda por sistema de focalização central ou interna.

3. *Tabelas ou gráficos para $(f + c) \cos \alpha$ e $(f + c) \operatorname{sen} \alpha$.* Quando o taqueômetro tiver $(f + c)$ diferente de zero (geralmente os taqueômetros antigos), podemos tabelar os valores de $(f + c)\cos \alpha$ e $(f + c)\operatorname{sen} \alpha$, para eliminar os cálculos repetidos cada vez que $\alpha$ for igual.

Vejamos um exemplo: supondo $(f + c) = 0{,}30$ m, organizamos uma tabela para $\alpha$ de 0° a 20°, variando de grau em grau (Tabela 20.2).

Como podemos constatar pela Tabela 20.2, a variação de $(f + c)\cos \alpha$ é muito pequena, enquanto que a variação de $(f + c)\operatorname{sen} \alpha$ é quase uniforme.

**Tabela 20.2**

| α | (f + c) cos α | (f + c) sen α |
|---|---|---|
| 0° | 0,300 | 0,000 |
| 1° | 0,300 | 0,005 |
| 2° | 0,300 | 0,010 |
| 3 | 0,300 | 0,016 |
| 4° | 0,299 | 0,021 |
| 5° | 0,299 | 0,026 |
| 6° | 0,298 | 0,031 |
| 7° | 0,298 | 0,037 |
| 8° | 0,297 | 0,042 |
| 9° | 0,296 | 0,047 |
| 10° | 0,295 | 0,052 |
| 11 | 0,294 | 0,057 |
| 12 | 0,293 | 0,062 |
| 13 | 0,292 | 0,067 |
| 14 | 0,291 | 0,073 |
| 15 | 0,290 | 0,078 |
| 16 | 0,288 | 0,083 |
| 17 | 0,287 | 0,088 |
| 18 | 0,285 | 0,093 |
| 19 | 0,284 | 0,098 |
| 20 | 0,282 | 0,103 |

4. *Tabelas comuns para* $H = 100I \cos^2 \alpha$ *e* $V - 50I$ sen $2\alpha$. Muitos livros de topografia, principalmente os de autores americanos, incluem estas tabelas, já de uso livre.

As fórmulas apresentam duas variáveis: $I$ e $\alpha$. Supondo uma variação de $I$ de 0 a 1,2 m, de milímetro em milímetro, temos 1 200 variações. Supondo α variando de 0° a 30°, de minuto em minuto, temos 1 800 variações. Caso fossem organizadas tabelas com estas variações teríamos 1 200 × 1800 = 2 160 000 valores, o que tornaria a tabela excessivamente extensa. Por essa razão as tabelas não variam o valor I, fazendo-o sempre igual a 1,00 m. Resta, portanto, só a variação de α simplificado também para 2 min (Tabela 20.3).

Daremos um exemplo de como utilizar a Tabela 20.3:

O taqueômetro está em *A*, cuja cota é 325,41 m visando para a mira em *B*;

   leituras  1,000  α = +2° 44'
   de mira  0,641
         1,359

Altura do aparelho em $A = A.A = 1,54$ m,

$$I = 1,359 - 0,641 = 0,718 \text{ m},$$

$$H = 0,718 \times 99,77 = 71,63 \text{ m},$$

$$V = 0,718 \times 4,76 = 3,42 \text{ m},$$

$$\text{Cota B} = 352,41 + 1,54 + 3,42 - 1,00 = 356,37.$$

Tabela 20.3

| Minutos | 0° H | 0° V | 1° H | 1° V | 2° H | 2° V | 3 H | 3 V |
|---|---|---|---|---|---|---|---|---|
| 0 | 100,00 | 0,00 | 99,97 | 1,74 | 99,88 | 3,49 | 99,73 | 5,23 |
| 2 | 100,00 | 0,06 | 99,97 | 1,80 | 99,87 | 3,55 | 99,72 | 5,28 |
| 4 | 100,00 | 0,12 | 99,97 | 1,86 | 99,87 | 3,60 | 99,71 | 5,34 |
| 6 | 100,00 | 0,17 | 99,96 | 1,92 | 99,87 | 3,66 | 99,71 | 5,40 |
| 8 | 100,00 | 0,23 | 99,96 | 1,98 | 99,86 | 3,72 | 99,70 | 5,46 |
| 10 | 100,00 | 0,29 | 99,96 | 2,04 | 99,86 | 3,78 | 99,69 | 5,52 |
| 12 | 100,00 | 0,35 | 99,96 | 2,09 | 99,85 | 3,84 | 99,69 | 5,57 |
| 14 | 100,00 | 0,41 | 99,95 | 2,15 | 99,85 | 3,90 | 99,68 | 5,63 |
| 16 | 100,00 | 0,47 | 99,95 | 2,21 | 99,84 | 3,95 | 99,68 | 5,69 |
| 18 | 100,00 | 0,52 | 99,95 | 2,27 | 99,84 | 4,01 | 99,67 | 5,75 |
| 20 | 100,00 | 0,58 | 99,95 | 2,33 | 99,83 | 4,07 | 99,66 | 5,80 |
| 22 | 100,00 | 0,64 | 99,94 | 2,38 | 99,83 | 4,13 | 99,66 | 5,86 |
| 24 | 100,00 | 0,70 | 99,94 | 2,44 | 99,82 | 4,18 | 99,65 | 5,92 |
| 26 | 99,99 | 0,76 | 99,94 | 2,50 | 99,82 | 4,24 | 99,64 | 5,98 |
| 28 | 99,99 | 0,81 | 99,93 | 2,56 | 99,81 | 4,30 | 99,63 | 6,04 |
| 30 | 99,99 | 0,87 | 99,93 | 2,62 | 99,81 | 4,36 | 99,63 | 6,09 |
| 32 | 99,99 | 0,93 | 99,93 | 2,67 | 99,80 | 4,42 | 99,62 | 6,15 |
| 34 | 99,99 | 0,99 | 99,93 | 2,73 | 99,80 | 4,48 | 99,62 | 6,21 |
| 36 | 99,99 | 1,05 | 99,92 | 2,79 | 99,79 | 4,53 | 99,61 | 6,27 |
| 38 | 99,99 | 1,11 | 99,92 | 2,85 | 99,79 | 4,59 | 99,60 | 6,33 |
| 40 | 99,99 | 1,16 | 99,92 | 2,91 | 99,78 | 4,65 | 99,59 | 6,38 |
| 42 | 99,99 | 1,22 | 99,91 | 2,97 | 99,78 | 4,71 | 99,59 | 6,44 |
| 44 | 99,98 | 1,28 | 99,91 | 3,02 | 99,77 | 4,76 | 99,58 | 6,50 |
| 46 | 99,98 | 1,34 | 99,90 | 3,08 | 99,77 | 4,82 | 99,57 | 6,56 |
| 48 | 99,98 | 1,40 | 99,90 | 3,14 | 99,76 | 4,88 | 99,56 | 6,61 |
| 50 | 99,98 | 1,45 | 99,90 | 3,20 | 99,76 | 4,94 | 99,56 | 6,67 |
| 52 | 99,98 | 1,51 | 99,89 | 3,26 | 99,75 | 4,99 | 99,55 | 6,73 |
| 54 | 99,98 | 1,57 | 99,89 | 3,31 | 99,74 | 5,05 | 99,54 | 6,78 |
| 56 | 99,97 | 1,63 | 99,89 | 3,37 | 99,74 | 5,11 | 99,53 | 6,84 |
| 58 | 99,97 | 1,69 | 99,88 | 3,43 | 99,73 | 5,17 | 99,52 | 6,90 |
| 60 | 99,97 | 1,74 | 99,88 | 3,49 | 99,73 | 5,23 | 99,51 | 6,96 |

5. *Tabela para taqueometria e cálculo de coordenadas do Engenheiro Nelson Fernando da Silva*. Trata-se de uma tabela (Tabela 20.4) com dupla finalidade: cálculos de $H$ e $V$ de taqueometria e cálculos das coordenadas parciais $x$ s $y$. O autor, engenheiro civil Nelson Fernandes da Silva, teve uma excelente ideia: percebendo a semelhança das fórmulas taqueométricas com as das coordenadas, utilizou a mesma tabela, fazendo variar apenas a entrada do ângulo.

| Taqueometria | Coordenadas |
|---|---|
| $H = 100I/\cos^2 \alpha$ | $y = l \cos \text{rumo}$ |

Comparando as duas fórmulas vemos que $100I$ é uma distância (valor linear) tanto quanto $l$ que é o comprimento de um lado. A única diferença é que enquanto $H$ usa o quadrado do co-seno, $y$ utiliza apenas o cosseno. Porém, como geralmente os valores de $\alpha$ (ângulo vertical) utilizados na prática são pequenos, portanto cosa próximos de 1, os seus quadrados também são próximos de 1.

$$V = 50I \operatorname{sen} 2\alpha, \qquad x = l \operatorname{sen} \text{rumo}.$$

Nestas duas fórmulas agora não é só semelhança, é igualdade mesmo. As duas fórmulas são intrinsecamente iguais pois ambas compõem-se de uma distância ($50I$ ou $l$) multiplicada por um seno.

Vejamos a seguir um exemplo desta dupla utilidade. O lado $AB$ tem 100 m de comprimento e seu rumo é N 14° 42′ E; calculamos $x$ e $y$.

$$x = l \operatorname{sen} \text{rumo} = 100 \operatorname{sen} 14°\ 42' = 25{,}38 \text{ m}$$

e

$$y = l \cos \text{rumo} = 100 \cos 14°\ 42' = 96{,}73 \text{ m},$$

valores assinalados na tabela. Vamos agora descobrir a qual ângulo vertical corresponde o valor $V = 26{,}38$ m e $100I = 100$ m, ou seja, $I$ = intervalo de leitura de mira = 1 m:

$$V = 50I \operatorname{sen} 2\alpha$$

Portanto

$$\operatorname{sen} 2\alpha = \frac{V}{50I} = \frac{25{,}38 \ m}{50 \times 1} = 0{,}5076,$$

$$2\alpha = 30°{,}504099$$

$$\alpha = 15°{,}25205 = 15°\ 15'$$

## Tabela 20.4

| Em grados | 40' 10°24' 79 36 | | 41' 79 35 10°25' | | 42' 16,333 | | 43' 16,352 | | 44' 16,370 | | 45' 10°28' 79 32 | | 46' 16,407 | | 47' 16,426 | | 48' 16,444 | | 49' 16,463 | |
|---|---|---|---|---|---|---|---|---|---|---|---|---|---|---|---|---|---|---|---|---|
| | 16,296 | | 16,315 | | | | | | | | 16,389 | | | | | | | | | |
| | X Seno | Y cosseno | X Seno | Y cosseno | X Seno | Y cosseno | X Seno | Y cosseno | X Seno | Y cosseno | X Seno | Y cosseno | X Seno | Y cosseno | X Seno | Y cosseno | X Seno | Y cosseno | X Seno | Y cosseno |
| Comple-mento | 15°13 74 47 | | 15°14 74 46 | | 15°15 74 45 | | 15°16 74 44 | | 15°17 74 43 | | 15°18.s 74 41.s | | 15°19.s 74 40.s | | 15°20.s 74 39.s | | 15°22 74 38 | | 15°23 74 37 | |
| 10 | 2,53 | 9,67 | 2,53 | 9,67 | 2,54 | 9,67 | 2,54 | 9,67 | 2,54 | 9,67 | 2,55 | 9,67 | 2,55 | 9,67 | 2,55 | 9,67 | 2,55 | 9,67 | 2,56 | 9,67 |
| 20 | 5,06 | 19,35 | 5,07 | 19,35 | 5,08 | 19,35 | 5,08 | 19,34 | 5,09 | 19,31 | 5,09 | 19,34 | 5,10 | 10,34 | 5,10 | 10,34 | 5,11 | 19,34 | 5,11 | 19,33 |
| 30 | 7,69 | 29,02 | 7,60 | 29,02 | 7,61 | 29,02 | 7,62 | 29,02 | 7,63 | 29,01 | 7,64 | 29,01 | 7,65 | 29,01 | 7,65 | 29,01 | 7,66 | 29,00 | 7,67 | 20,00 |
| 40 | 10,13 | 38,70 | 10,14 | 38,69 | 10,15 | 38,69 | 10,16 | 38,68 | 10,17 | 38,68 | 10,18 | 38,68 | 10,20 | 38,68 | 10,21 | 38,68 | 10,22 | 38,67 | 10,23 | 38,67 |
| 50 | 12,66 | 48,37 | 12,67 | 48,37 | 12,69 | 48,36 | 12,70 | 48,36 | 12,72 | 48,36 | 12,73 | 48,35 | 12,74 | 48,35 | 12,76 | 48,34 | 12,77 | 48,34 | 12,79 | 48,34 |
| 60 | 15,19 | 58,04 | 15,21 | 58,04 | 15,23 | 58,04 | 15,24 | 58,03 | 15,26 | 58,03 | 15,28 | 58,02 | 15,29 | 58,02 | 15,31 | 58,01 | 15,33 | 58,01 | 15,34 | 58,00 |
| 70 | 17,72 | 67,72 | 17,74 | 67,71 | 17,76 | 67,71 | 17,78 | 67,70 | 17,80 | 67,70 | 17,82 | 67,69 | 17,84 | 67,69 | 17,86 | 67,68 | 17,88 | 67,68 | 17,90 | 67,67 |
| 80 | 20,26 | 77,39 | 20,28 | 77,39 | 20,30 | 77,38 | 20,32 | 77,38 | 20,35 | 77,37 | 20,37 | 77,36 | 20,39 | 77,36 | 20,41 | 77,35 | 20,44 | 77,35 | 20,46 | 77,34 |
| 90 | 22,79 | 87,07 | 22,81 | 87,06 | 22,84 | 87,05 | 22,86 | 87,05 | 22,89 | 87,04 | 22,91 | 87,03 | 22,94 | 87,03 | 22,96 | 87,02 | 22,99 | 87,01 | 23,02 | 87,01 |
| 100 | 25,32 | 96,74 | 25,35 | 96,73 | 25,38 | 96,73 | 25,40 | 96,72 | 25,43 | 96,71 | 25,46 | 96,70 | 25,49 | 96,70 | 25,52 | 96,69 | 25,54 | 96,68 | 25,57 | 96,67 |
| 110 | 27,85 | 106,42 | 27,88 | 106,41 | 27,91 | 106,40 | 27,94 | 106,39 | 27,98 | 106,38 | 28,01 | 106,38 | 28,04 | 106,38 | 28,07 | 106,36 | 28,10 | 106,35 | 28,13 | 106,34 |
| 120 | 30,38 | 116,09 | 30,42 | 116,08 | 30,15 | 116,07 | 30,48 | 116,06 | 30,52 | 116,05 | 30,55 | 116,05 | 30,59 | 116,05 | 30,62 | 110,03 | 30,65 | 116,02 | 30,69 | 116,04 |
| 130 | 32,92 | 125,76 | 32,95 | 125,75 | 32,09 | 125,74 | 33,03 | 125,74 | 33,06 | 125,73 | 33,10 | 125,72 | 33,13 | 125,72 | 33,17 | 125,70 | 33,21 | 125,69 | 33,24 | 125,68 |
| 140 | 35,45 | 135,44 | 35,49 | 135,43 | 35,53 | 135,12 | 35,57 | 135,41 | 35,60 | 135,40 | 35,64 | 135,39 | 35,68 | 135,39 | 35,72 | 135,37 | 35,76 | 135,36 | 35,80 | 135,34 |
| 150 | 37,98 | 145,11 | 38,02 | 145,10 | 38,06 | 145,09 | 38,11 | 145,08 | 38,15 | 145,07 | 38,19 | 145,06 | 38,23 | 145,06 | 38,27 | 145,03 | 38,32 | 145,02 | 38,36 | 145,01 |
| 160 | 40,51 | 154,79 | 40,56 | 154,77 | 40,60 | 154,76 | 40,65 | 154,75 | 40,69 | 154,74 | 40,74 | 154,73 | 40,78 | 154,73 | 40,83 | 154,70 | 40,87 | 154,69 | 40,92 | 154,68 |
| 170 | 43,04 | 164,46 | 43,09 | 164,45 | 43,14 | 164,44 | 43,19 | 164,42 | 43,23 | 164,41 | 43,28 | 164,40 | 43,33 | 164,40 | 43,38 | 164,36 | 43,43 | 164,36 | 43,47 | 164,35 |
| 180 | 45,58 | 174,13 | 45,63 | 174,12 | 45,68 | 174,11 | 45,73 | 174,09 | 45,78 | 174,08 | 45,83 | 174,07 | 45,88 | 174,07 | 45,93 | 174,04 | 45,98 | 174,03 | 46,03 | 174,01 |
| 190 | 48,11 | 183,81 | 48,16 | 183,79 | 48,21 | 183,78 | 48,27 | 183,77 | 48,32 | 183,75 | 48,37 | 183,74 | 48,43 | 183,74 | 48,48 | 183,71 | 48,53 | 183,70 | 48,59 | 183,68 |
| 200 | 50,64 | 193,48 | 50,70 | 193,47 | 50,75 | 193,45 | 50,81 | 193,44 | 50,86 | 193,42 | 50,92 | 193,41 | 50,98 | 193,41 | 51,03 | 193,38 | 51,09 | 193,36 | 51,15 | 193,35 |
| 210 | 53,17 | 203,16 | 53,23 | 203,14 | 53,29 | 203,13 | 53,35 | 203,11 | 53,41 | 203,10 | 53,47 | 203,08 | 53,53 | 203,08 | 53,58 | 203,05 | 53,64 | 203,03 | 53,70 | 203,02 |
| 220 | 55,70 | 212,83 | 55,76 | 212,82 | 55,83 | 212,80 | 55,88 | 212,78 | 55,95 | 212,77 | 56,04 | 212,75 | 56,07 | 212,75 | 56,14 | 212,72 | 56,20 | 212,70 | 56,26 | 212,68 |
| 230 | 58,23 | 222,51 | 58,30 | 222,49 | 58,36 | 222,47 | 58,43 | 222,45 | 58,49 | 222,44 | 58,56 | 222,42 | 58,62 | 222,42 | 58,69 | 222,39 | 58,75 | 222,37 | 58,82 | 222,35 |
| 240 | 60,77 | 232,18 | 60,83 | 232,16 | 60,90 | 232,14 | 60,97 | 232,13 | 61,04 | 232,11 | 61,10 | 232,09 | 61,17 | 232,09 | 61,24 | 232,06 | 61,31 | 232,04 | 61,37 | 232,02 |
| 250 | 63,30 | 241,85 | 63,37 | 241,84 | 63,44 | 241,82 | 63,51 | 241,80 | 63,58 | 241,78 | 63,65 | 241,76 | 63,72 | 241,76 | 63,79 | 241,72 | 63,86 | 241,71 | 63,93 | 241,69 |

## Taqueometria

*Para valores lineares menores de 10 m*
*Vale desde 14° 40' até 14° 49'*

| Em grados | 0,00 | | 0,10 | | 0,20 | | 0,30 | | 0,40 | | 0,50 | | 0,60 | | 0,70 | | 0,80 | | 0,90 | |
|---|---|---|---|---|---|---|---|---|---|---|---|---|---|---|---|---|---|---|---|---|
| – | – | 0,97 | 0,03 | 0,10 | 0,05 | 0,19 | 0,08 | 0,29 | 0,10 | 0,39 | 0,13 | 0,48 | 0,15 | 0,58 | 0,18 | 0,68 | 0,20 | 0,77 | 0,23 | 0,87 |
| 0,25 | 0,97 | | 0,28 | 1,06 | 0,31 | 1,16 | 0,33 | 1,26 | 0,36 | 1,35 | 0,38 | 1,45 | 0,41 | 1,55 | 0,43 | 1,64 | 0,46 | 1,74 | 0,48 | 1,84 |
| 0,51 | 1,93 | | 0,53 | 2,03 | 0,56 | 2,13 | 0,59 | 2,22 | 0,61 | 2,32 | 0,64 | 2,42 | 0,66 | 2,51 | 0,69 | 2,61 | 0,71 | 2,71 | 0,74 | 2,80 |
| 0,76 | 2,90 | | 0,79 | 3,00 | 0,81 | 3,09 | 0,81 | 3,19 | 0,87 | 3,29 | 0,89 | 3,38 | 0,92 | 3,48 | 0,94 | 3,58 | 0,97 | 3,67 | 0,99 | 3,77 |
| 0,92 | 3,87 | | 1,04 | 3,97 | 1,07 | 4,06 | 1,09 | 4,16 | 1,12 | 4,26 | 1,15 | 4,35 | 1,17 | 4,45 | 1,20 | 4,55 | 1,22 | 4,64 | 1,25 | 4,74 |
| 1,27 | 4,81 | | 1,30 | 4,93 | 1,32 | 5,03 | 1,35 | 5,13 | 1,37 | 5,22 | 1,40 | 5,32 | 1,14 | 5,42 | 1,45 | 5,51 | 1,48 | 5,61 | 1,50 | 5,71 |
| 1,53 | 5,80 | | 1,55 | 5,90 | 1,58 | 6,00 | 1,60 | 6,09 | 1,63 | 6,19 | 1,65 | 6,29 | 1,68 | 6,38 | 1,70 | 6,48 | 1,73 | 6,58 | 1,76 | 6,67 |
| 1,78 | 6,77 | | 1,81 | 6,87 | 1,83 | 6,96 | 1,86 | 7,06 | 1,88 | 7,16 | 1,91 | 7,25 | 1,93 | 7,35 | 1,96 | 7,45 | 1,98 | 7,54 | 2,01 | 7,64 |
| 2,04 | 7,74 | | 2,06 | 7,83 | 2,09 | 7,93 | 2,11 | 8,03 | 2,14 | 8,12 | 2,16 | 8,22 | 2,19 | 8,32 | 2,21 | 8,41 | 2,24 | 8,51 | 2,26 | 8,61 |
| 2,29 | 8,70 | | 2,32 | 8,80 | 2,34 | 8,90 | 2,37 | 8,99 | 2,39 | 9,09 | 2,12 | 9,19 | 2,44 | 9,28 | 2,47 | 9,38 | 2,49 | 9,48 | 2,52 | 9,57 |

| | | | | | | | | | | | | | | |
|---|---|---|---|---|---|---|---|---|---|---|---|---|---|---|
| | 16,91 | 16,93 | 16,94 | 16,96 | 16,98 | | 17,01 | 17,03 | 17,05 | 17,07 | 17,09 | | | 75° |
| cosseno | 83,09 | 83,07 | 83,06 | 83,04 | 83,02 | | 82,99 | 82,97 | 82,95 | 82,93 | 82,91 | | | |
| seno | 83,704 | 83,685 | 83,667 | 83,648 | 83,630 | | 83,611 | 83,593 | 83,574 | 83,556 | 83,537 | | | |
| | 20' | 19' | 18' | 17' | 16' | 15' | 14' | 13' | 12' | 11' | | | |
| | 11,56 | 11,57 | 11,59 | 11,61 | 11,63 | | | | | | | | |
| | 88,44 | 88,43 | 88,41 | 88,39 | 88,37 | Red. horiz. Centesimal | | | | | | | |

### Tabela de pastes proporcionais

**Diferença tabular em centímetros**

| Graduação sexagesinal | 1 | 2 | 3 | 4 | 5 | 6 | 7 | 8 |
|---|---|---|---|---|---|---|---|---|
| 10" | 0,2 | 0,3 | 0,5 | 0,7 | 0,8 | 1,0 | 1,2 | 1,3 |
| 20" | 0,3 | 0,7 | 1,0 | 1,9 | 1,7 | 2,0 | 2,3 | 2,7 |
| 30" | 0,5 | 1,0 | 1,5 | 2,0 | 2,5 | 3,0 | 3,5 | 4,0 |
| 40" | 0,7 | 1,3 | 5,0 | 2,7 | 3,3 | 4,0 | 4,7 | 5,3 |
| 50" | 0,8 | 1,7 | 2,5 | 3,3 | 4,2 | 5,0 | 5,8 | 6,7 |

Graduação Centesimal: 3 cc, 6 cc, 9 cc, 12 cc, 15 cc

É por essa razão que podemos ver na tabela esse valor assinalado na coluna do $x$ sob a letra $V$.

Em seguida, descobriremos a que valor $\alpha$ de ângulo vertical corresponde $H = 96{,}73$ m e $I = 1$ m, ou seja, $100I = 100$ m:

$$H = 100I \cos^2.$$

Portanto

$$\cos^2 \alpha = \frac{H}{100I} = \frac{96{,}73}{100} = 0{,}9673$$

$$\cos \alpha = \sqrt{0{,}9673} = 0{,}98351411$$

$$\alpha = 10°{,}41819 = \mathbf{10°\ 25'},$$

e esse valor pode ser visto assinalado na tabela, na coluna dos $y$, na parte superior.

Podemos então verificar que a tabela sendo a mesma, devemos unicamente modificar a entrada do ângulo. Se o ângulo for o rumo do lado para o cálculo de $x$ e $y$ a entrada é pela entrada 1.

Outra excelente ideia foi a de fazer a parte principal da tabela variando as distâncias de 10 em 10 m para valores de 10 m até 250 m, enquanto que, para valores menores de 10 m, colocou na parte inferior, tornando os valores de $x$ e $y$ válidos para uma variação do rumo até 10 min. Na página reproduzida, para distâncias inferiores a 10 m, os valores de $x$ e $y$ são os mesmos desde o rumo 14° 40′ até o rumo 14° 49′, salvo um erro máximo de 1 cm. Com isto houve uma economia de espaço, pois caso contrário a tabela ficaria extensa demais, tornando-se inconveniente seu uso.

Esta tabela vem apresentando uma utilidade excepcional, somente diminuída nos tempos atuais, pelo aparecimento e aperfeiçoamento das calculadoras eletrônicas.

6. *Arco de Beaman*. Trata-se de uma aplicação, em forma de escalas, das fórmulas taqueométricas:

$$H = 100/\cos^2 \alpha$$

e

$$V = 50/\operatorname{sen} 2\alpha,$$

de tal forma que, substituindo a leitura do ângulo vertical $a$ no círculo vertical por dois outros valores ($h$ e $v$) nas escalas do arco de Beaman, podemos calcular $H$ e $V$ sem o emprego de funções naturais.

A Figura 20.10 mostra a vista lateral do arco de Beaman e a Figura 20.11 mostra a vista de frente com as duas escalas $h$ e $v$. Para a luneta em posição horizontal, o índice de leitura indica 50 na escala $t$; e *zero* na escala $h$. Quando a luneta se inclina com um ângulo vertical qualquer $\alpha$ positivo, o índice de leitura indicará na escala $v$

valores maiores do que 50. Quando a for negativo, o índice indicará na escala $v$ valores menores do que 50.

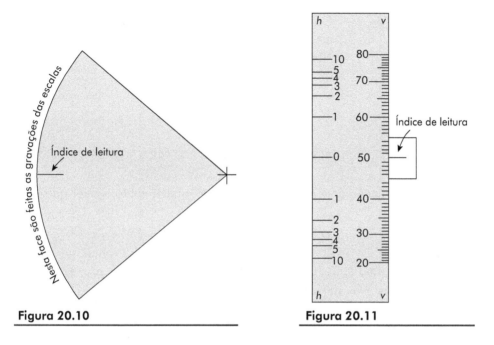

**Figura 20.10**    **Figura 20.11**

Os valores lidos $h$ e $v$ no arco de Beaman, serão usados nas seguintes fórmulas:

$$H = 100I\left(1 - \frac{h}{100}\right)$$

e

$$V = I(v - 50).$$

**EXEMPLO.** O taqueômetro está no ponto $A$ visando para o ponto $B$:

leituras de mira
1,000 (central),
0,635 (inferior),
1,365 (superior);

leituras no arco de Beaman    $h = 1$,
$v = 40$;

cota de $A = 75,340$;

*Solução:*

$$H = 100(1,365 - 0,635)(1 - 1/100) = \mathbf{72{,}27} \text{ m};$$
$$V = (1,365 - 0,635)(40 - 50) = \mathbf{-7{,}30} \text{ m};$$

cota B = cota A + A.A + V $- l_c$ = 75.340 + 1,48 $-$ 7,30 $-$ 1,00 = **68,520** m.

Como Beaman teria construído as duas escalas?

Basta comparar as fórmulas clássicas de $H$ e $V$ com as do arco de Beaman.

*Para H*

fórmula clássica, $\qquad H = 100I \cos^2 \alpha$,

fórmula do arco de Beaman, $\qquad H = 100I(1 - h/100)$,

igualando $H$, $\qquad 1 - h/100 = \cos^2 \alpha$.

Portanto

$$h = 100(1 - \cos^2 \alpha),$$
$$\underline{h = 100 \operatorname{sen}^2 \alpha}.$$

Portanto a escala dos valores $h$ varia 100 vezes o valor do seno ao quadrado do ângulo vertical.

Para uma inclinação de $\alpha = +10°$, por exemplo, qual é então o valor que deve ser lido na escala h?

*Solução:*

$h = 100 \operatorname{sen}^2 10° = 3{,}0153690$; aplicando as duas fórmulas devemos obter o mesmo resultado supondo um $I$ (intervalo de leitura de mira) $= 0{,}542$ m e $\alpha = 10°$,

fórmula clássica, $H = 100 \times 0{,}542 \cos^2 10° = \mathbf{52{,}56567}$ m,

arco de Beaman, $H = 100 \times 0{,}542 \left(1 - \dfrac{3{,}015369}{100}\right) = \mathbf{52{,}56567}$ m.

*Para V,*

fórmula clássica, $V - 50/\operatorname{sen}^2 \alpha$,

fórmula do arco de Beaman: $V = I(v - 50)$.

Portanto

$$50 \operatorname{sen} 2\alpha = v - 50,$$
$$v = 50 \operatorname{sen} 2\alpha + 50,$$
$$v = 50 \operatorname{sen} 20° + 50 = 67{,}101,$$

significa que na escala $v$ estará gravado este valor quando inclinarmos a luneta $+ 10°$.

Usando o mesmo exemplo, com $I = 0{,}542$ m e $\alpha = +10$: pela fórmula clássica, $V = 50 \times 0{,}542 \operatorname{sen} 20° = 9{,}2687$ m; pela fórmula do arco de Beaman, $V = 0{,}542(67{,}101 - 50) = 9{,}2687$ m.

Este processo, apesar de engenhoso, carece de precisão pois as escalas $h$ e $v$, não sendo uniformes, não permitem o emprego de nônios para melhorar a precisão de leitura. Encontramos o arco de Beaman aplicado em aparelhos muito antigos (década de 1920), principalmente trânsitos da Gurley (americanos) e em algumas alidades--pranchetas também Gurley e antigas.

7. *Taqueômetros autorredutores.* São chamados autorredutores os taqueômetros que dispensam as funções naturais (senos, cossenos etc.) nas fórmulas para $H$ e $V$. Isso torna-se possível porque os fabricantes, por meio de dispositivos mecânicos ou ópticos, ou ainda, combinados, fazem com que o valor $I$ (intervalo de leituras de mira) permaneça constante, qualquer que seja a inclinação da luneta. Tal fato não pode ser conseguido nos taqueômetros comuns (Figura 20.12).

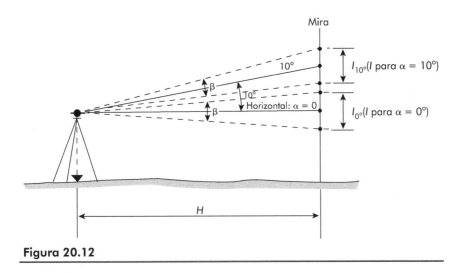

**Figura 20.12**

Nos taqueômetros comuns, como os retículos guardam entre si a mesma distância $i$, qualquer que seja o ângulo $\alpha$, o ângulo $\beta$ permanece constante. Por isso o intervalo de leituras de mira ($I$) cresce à medida que $\alpha$ aumenta. Por isso o $I_{10°}$ é maior do que $I_{0°}$; para que $H$ seja constante o valor $I_{10°}$ deve ser reduzido antes de ser multiplicado pela constante multiplicativa ($f/i = 100$), e é por esta razão que aparece a função $\cos^2 \alpha$,

$$H = 100/\cos^2 \alpha.$$

Nos taqueômetros autorredutores os retículos se aproximam quando inclinamos a luneta, de tal forma que o intervalo $I$ permanece constante para a mesma distância horizontal ($H$). Isso faz com que $H$ seja sempre calculado pelo intervalo $I$ multiplicado por uma constante 100 ou outra, conforme o fabricante. O mesmo ocorre com a maneira de calcularmos o valor $V$, isto é, um outro intervalo multiplicado por uma constante.

Esses taqueômetros autorredutores tornam-se muito práticos, o que veio tornar o método da taqueometria compatível com o dinamismo da época atual. Podemos acreditar mesmo que, sem eles, a taqueometria teria se tornado um processo semissuperado. No entanto a ideia não é moderna pois desde o começo do século já houve diversas tentativas tais como os autorredutores de Jeffcott, de Sanguet e outros. Os autorredutores antigos na simplificação perdiam em muito a precisão. Atualmente os autorredutores conseguem simplificar sem perder a precisão e alguns até melhorando.

A fábrica Wild fabrica o modelo RDS e RDR

A fábrica Zeiss (Oberköchen) produz modelo RTa4. A fábrica Kern (Aaran) que a cerca de 15 anos possuía apenas o modelo DKR, hoje possui três modelos: o K1RA, o DKRV e o DKRT. O modelo K1RA, pelas suas características, é extremamente rápido, apesar de não ser de tão grande precisão como o DKRV e DKRT. Aconselhamos que sejam consultados os respectivos catálogos para maiores detalhes.

Alguns modelos apresentam a leitura do círculo vertical já com o valor da tangente do ângulo vertical (Figura 20.13), pois $V = H \text{ tg } \alpha$. Dessa forma as leituras de mira ficam reduzidas a apenas duas que são usadas para o cálculo de $H$ (é o caso do modelo K1RA da Kern): $H = K \times I$ ($K$ geralmente igual a 100) e $V = H \text{ tg } \alpha$ (o valor da tangente é lido diretamente no aparelho). Isso é muito importante pois o que realmente retarda a taqueometria, no campo, são as leituras de mira.

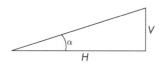

**Figura 20.13**

## Comparação entre taqueometria e medidas com trena

Depois de estudarmos os diversos aspectos da taqueometria, fica uma pergunta no ar. O método da taqueometria é melhor ou pior do que as medidas com trena? A comparação não é justa, pois ambos os métodos são válidos e, conforme as circunstâncias, devemos aplicar um ou outro.

Uma medida cuidadosa com trena supera a taqueometria em precisão, mas a taqueometria não nos obriga a percorrer a linha pois as linhas de vista vão direto do taqueômetro à mira. Portanto a taqueometria atravessa um rio ou um pântano sem problemas. O mesmo ocorre para a hipótese da Figura 20.14, pois percorrendo com a trena, a precisão seria prejudicada pelas declividades do terreno.

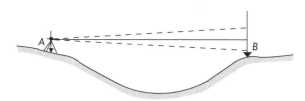

**Figura 20.14**

A causa principal da imprecisão da taqueometria para o cálculo da distância horizontal $(H)$ está em que cada milímetro de erro na obtenção de $I$ significa 10 cm de erro na distância horizontal, por causa da constante multiplicativa ($f/i = 100$). Para que as operações sejam rápidas a mira deve ser segura manualmente por um auxiliar. A mira assim oscilará, não ficando completamente imóvel. Já que o valor $I$ é obtido pela diferença de duas leituras ($l_s - l_i$) e as duas não podem ser feitas instantaneamente, acontece que, ao ler a segunda ($l_s$), a primeira ($l_i$) já teria se alterado, resultando um valor $I$ errado. Miras fixas resolveriam sob o ponto de vista de precisão, porém tornariam a operação extremamente demorada.

A grande virtude da taqueometria está em fornecer também a cota do ponto visado, juntamente com sua posição planimétrica. Tal possibilidade torna insuperável este método quando o objetivo for a obtenção de curvas de nível de grandes extensões de terreno. Este processo será examinado em outro capítulo.

## Simplificação para o cálculo da cota do ponto visado

Pela fórmula cota 2 = cota 1 + $A.A + V - l_c$ vemos que a altura do aparelho ($A.A$) é sempre somada, enquanto que a leitura central ($l_c$) é sempre subtraída. Quando a leitura central ($l_c$) for igual à altura do aparelho ($A.A$) a fórmula ficará reduzida para cota 2 = cota 1 + $V$.

Quando o taqueômetro estiver estacionado numa só estaca, portanto com uma só *altura do aparelho* visando para muitos pontos (irradiando) ficará prático fazer as leituras centrais iguais a $A.A$. Para isso, existem miras que têm a graduação zero a um metro acima de sua base e suplementos extensíveis. Quando a altura do aparelho for, por exemplo, de 1,56 m colocaremos o suplemento com 0,56 m e desta forma o zero da graduação ficará a 1,56 m da cabeça da estaca, portanto podemos abolir a leitura ($l_c$). Tal mira é extremamente útil para os taqueômetros autorredutores (Figura 20.15).

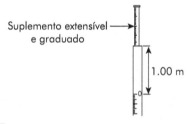

**Figura 20.15**

## MIRAS DE INVAR

Sabemos que o invar é uma liga de níquel e ferro que apresenta desprezível coeficiente de dilatação por variação de temperatura. Então, miras destinadas a trabalhos de alta precisão podem ser uma combinação de invar e madeira (Figura 20.16).

**Figura 20.16**

## RETIFICAÇÕES DE TAQUEÔMETROS

Em muitos taqueômetros, principalmente os de desenho americano, o retículo horizontal central é retificável. São aparelhos de diversas fábricas: Gurley, Keuffel e Esser, Toko, Fuji, Zuiho, Ogawa Seiki, Tokio Soki etc. O retículo horizontal central pode ser movido por meio de dois parafusos colocados no sentido vertical (um em cima e outro em baixo); esses parafusos movimentam a chapa de vidro onde estão gravados os retículos para cima ou para baixo, levando os retículos a subirem ou descerem (Figura 20.17).

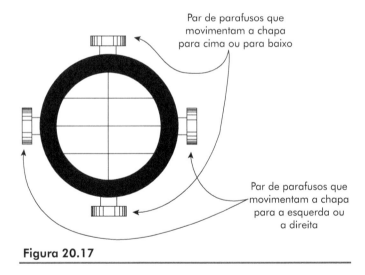

**Figura 20.17**

O par de parafusos laterais já foi usado para efetuar a 2.ª retificação de trânsito (tornar a linha de vista perpendicular ao eixo horizontal), movimentando o retículo vertical para direita ou esquerda.

A movimentação do retículo horizontal central é utilizada para a 1.ª retificação de taqueômetros ou 4.ª da ordem geral, porque as três de trânsito já devem ter sido feitas.

1.ª *Retificação de taqueômetro*

a) *Objetivo:* tornar a linha de vista coincidente com o eixo da luneta.

b) *Verificação do aparelho:* com a luneta na posição direta e próxima da horizontal fazemos uma leitura $l_1$, em mira colocada no ponto $A$. O ponto $A$ deve estar colocado o mais próximo possível do aparelho, contanto que se possa focalizar. Em seguida, e sem mover a luneta, somente mudando a focalização, fazemos a leitura $l_2$ na mira no ponto $B$ (situado cerca de 50 m). Com a luneta invertida ajustamos a $l_1$ na mira em $A$ e novamente mudando o foco, fazemos a leitura $l_3$ na mira em $B$. Caso $l_3$ seja diferente de $l_2$ o aparelho está desretificado.

c) *Identificação do defeito:* caso o retículo horizontal central estiver deslocado, ele ficará fora do eixo óptico da luneta; então, quando modificarmos a focalização, a linha de vista sofrerá desvio, porque não está atravessando o centro óptico da lente que se moverá para a frente ou para trás. É o que provocamos ao passar a leitura $l_1$ do ponto $A$ (próximo) para $l_2$ ou $l_3$ no ponto $B$ (afastado) (Figura 20.18).

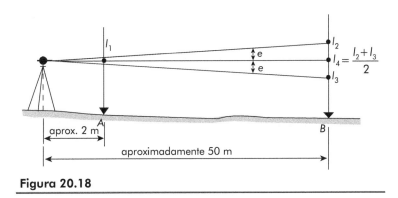

**Figura 20.18**

Supondo que ao mudar o foco de $A$ para $B$, na primeira vez, com a luneta direta, a leitura mostre o ângulo $e$ errado para cima; ao inverter a luneta, o erro $e$ será para baixo. Logicamente o valor ideal (certo) será $l_4$, média aritmética entre $l_2$ e $l_3$.

O fato de fazermos a leitura $l_x$ duas vezes em $A$ é para nos assegurar de que a luneta tenha ficado na mesma direção (inclinação) nas duas vezes.

d) *Correção do aparelho:* usando o par de parafusos retificadores do retículo horizontal central (médio) levamos a leitura de $l_3$ para $l_4$. Em seguida repetimos a letra $b$ para verificar.

Nos taqueômetros que não possuírem estes parafusos retificadores é evidente que esta retificação não será feita; os fabricantes devem ter-se assegurado de que nunca ocorrerá esta desretificação. A maioria dos taqueômetros da linha europeia não usa esta retificação.

2.ª *Retificação de taqueômetro*

a) *Objetivo:* tornar o eixo da bolha da luneta paralela à linha de vista.

Os taqueômetros de projeto americano sempre possuem um tubo de bolha preso ao movimento da luneta. Alguns da linha européia também, mas a maioria não possui, e aqui se incluem aqueles que têm estabilizador automático do círculo vertical. Este tubo de bolha serve para controlar a horizontabilidade da linha de vista, quando a bolha estiver centrada.

b) e c) *Verificação do aparelho e identificação do defeito:* aplica-se processo idêntico ao empregado na retificação de nível tipo inglês de idêntico objetivo – tornar a linha de vista paralela ao eixo da bolha. Solicitamos que consultem o Cap. 19.

d) *Correção do aparelho:* conduzimos a leitura do valor errado para o valor $l_4 = l_3 \pm$ diferença de cota, usando o parafuso micrométrico do movimento de elevação da luneta. Nesta operação a bolha que se encontrava centrada sairá de centro; então corrigimos o erro total, fazendo a bolha voltar ao centro, usando os parafusos retificadores do tubo da bolha da luneta.

3.ª *Retificação de taqueômetro*

a) *Objetivo*: correção do nônio do círculo vertical.

Esta retificação também só é comum nos aparelhos de linha americana.

Ao terminar a retificação anterior, o taqueômetro está:

    com as bolhas do círculo horizontal centradas,

    com a linha de vista horizontal porque está visando para $l_4$,

    com a bolha de luneta centrada porque acabou de ser corrigida.

Então a leitura do círculo vertical deverá ser zero. Caso seja diferente é porque o nônio se encontra deslocado. A correção será feita através de seus parafusos retificadores, geralmente colocados atrás do próprio nônio, levando a leitura para *zero*.

4.ª *Retificação de taqueômetro*

a) *Objetivo:* correção dos retículos estadimétricos.

Esta retificação só existe nos aparelhos realmente muito antigos, de fabricação anterior talvez a 1930. Vamos explicar: atualmente os fabricantes colocam os retículos (todos eles) gravados numa mesma chapa de vidro; a placa de vidro é recoberta com parafina ou outra substância protetora; sobre a parafina são riscadas estrias correspondentes às posições dos retículos; nestes lugares o vidro ficará desprotegido; a placa será submetida a vapor de ácido fluorídrico que atacará o vidro nas estrias, formando sulcos; em seguida serão estes sulcos escurecidos, formando os retículos. Ora, os retículos assim gravados, guardam entre si um afastamento constante e portanto não são retificáveis. Porém os aparelhos antigos possuem retículos de fio e os estadimétricos são independentes dos demais e independentes entre si. Eles possuem os seguintes parafusos retificadores de retículos (Figs. 20.19, 20.20 e 20.21):

a)   Um par vertical que desloca o retículo horizontal central;

b)   Um par lateral que desloca o retículo vertical;

c)   Um parafuso em cima que desloca o retículo estadimétrico superior;

d)   Um parafuso embaixo que desloca o retículo estadimétrico inferior.

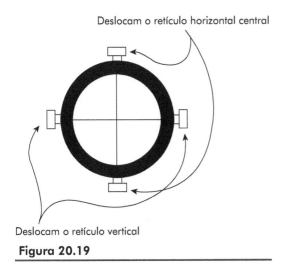
**Figura 20.19**

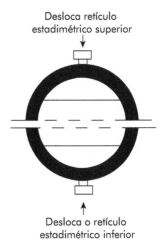
**Figura 20.20**

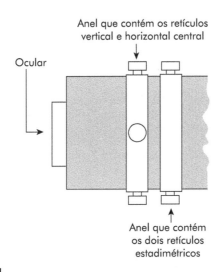
**Figura 20.21**

Para que a constante multiplicativa *(f/i)* fique igual a 100, procedemos da seguinte maneira: num terreno horizontal e limpo relativamente plano, medimos uma distância horizontal, com trena, que seja um valor inteiro acrescido do valor da constante aditiva *(f* + c). Exemplo: supondo *(f* + *c)* = 0,32 m, medimos 60,00 m + 0,32 m = 60,32 m (esta medida deve ser rigorosamente correta pois servirá de base para a correção). Estacionamos o taqueômetro num dos extremos da distância e a mira no outro extremo. De preferência a mira deverá ser fixada para não balançar. Com a luneta horizontal procedemos as leituras dos 3 retículos, seja como exemplo, superior = 1,343, central = 1,040, inferior = 0,739. Vejamos então se há erro.

Para luneta horizontal:

$$H = 100\,I + (f + c),$$

portanto

$$I = \frac{H - (f + c)}{100}.$$

Substituindo pelos nossos valores

$$I = \frac{60{,}32 - 0{,}32}{100} = 0{,}600 \text{ m},$$

deveríamos ter um intervalo de 0,600 m, enquanto que estamos obtendo: 1,343 – 0,739 = 0,604. Devemos corrigir, movendo apenas os retículos estadimétricos, sem mexer no retículo horizontal central, pois, caso contrário, destruiremos a 1.ª retificação já feita e todas as seguintes. Deslocamos então o retículo estadimétrico superior de 1,343 para 1,340 e o inferior de 0,739 para 0,740. Eles ficarão finalmente com as leituras lidas na Figura 20.22.

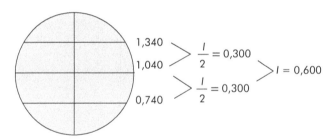

**Figura 20.22**

Voltamos a repetir que esta retificação só aparece em aparelhos realmente muito antigos, ou seja, aqueles que foram construídos com retículos de fio metálico (alguns que tiveram estes fios partidos, foram substituídos por teia de aranha, único material suficientemente fino e resistente).

Os taqueômetros que possuem estabilizadores automáticos para o círculo vertical necessitam de verificações temporárias de seu funcionamento. Para isso, colocamos a leitura do círculo vertical em zero e verificamos da mesma forma que o nível tipo inglês, na retificação, cujo objetivo é *tornar a linha de vista paralela ao eixo da bolha* (veja o Cap. 19). Geralmente os dispositivos automáticos possuem regulagem.

# 21
## Cálculo das distâncias horizontal e vertical entre dois pontos pelo método das rampas e pela mira de base

Quando visamos com o teodolito do ponto $A$ para uma mira em $B$, com duas inclinações diferentes, pode-se calcular a distância $AB$ horizontal e a diferença de cotas entre $A$ e $B$. Vejamos como (Figura 21.1):

$$\frac{V_1}{H} = \text{tg } \alpha_1, \ V_1 = H \text{ tg } \alpha_1;$$

$$\frac{V_2}{H} = \text{tg } \alpha_2, \ V_2 = H \text{ tg } \alpha_2;$$

$$V_1 - V_2 = H \text{ tg } \alpha_1 - H \text{ tg } \alpha_2,$$
$$V_1 - V_2 = H(\text{tg } \alpha_1 - \text{tg } \alpha_2),$$
$$V_1 - V_2 = l_1 - l_2,$$

portanto

$$H = \frac{l_1 - l_2}{\text{tg } \alpha_1 - \text{tg } \alpha_2}.$$

A fórmula (3) nos permite calcular $H$ pois conhecemos $l_1$, $l_2$, $\alpha_1$, e $\alpha_2$. Em seguida entramos com $H$ em (1) e (2) e calculamos $V_1$ e $V_2$.

A Figura 21.1 mostra que

$$\text{Cota } B = \text{Cota } A = A.A + V_1 - l_1$$

ou

$$\text{Cota } B = \text{Cota } A + A.A + V_2 - l_2,$$

onde $A.A$ é a altura do aparelho, ou seja, a distância vertical desde a estaca $A$ até o eixo horizontal do teodolito.

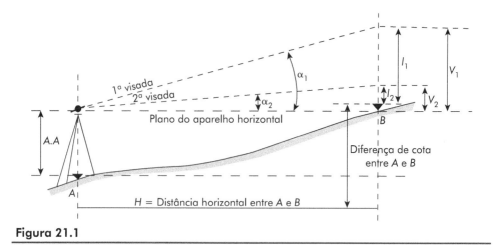

**Figura 21.1**

Este método é conhecido como *método das rampas* porque a tangente do ângulo de inclinação de uma linha expressa a sua rampa, ou seja, 100 tg α é a rampa expressa em porcentagem. Se uma linha tiver um ângulo de inclinação de 30° dizemos que tem rampa de 57,7% porque tg 30° = 0,577. Se a inclinação for para cima do horizonte, a rampa é de +57,7 %; caso contrário será –57,7 %.

*Exercício.* Aparelho em 10, visando para 11; cota de 10 = 742,225; altura do aparelho em 10 = 1,52 m; leituras de mesa em 11: $l_1$ = 1,000, $l_2$ = 2,250; leituras dos ângulos verticais: $\alpha_1$ – 1° 10′, $\alpha_2$ = + 2° 02′.

*Solução:*

$$H = \frac{l_1 - l_2}{\operatorname{tg} \alpha_1 - \operatorname{tg} \alpha_2} = \frac{l_2 - l_1}{\operatorname{tg} \alpha_2 - \operatorname{tg} \alpha_1} \; \frac{2,250 - 1,000}{\operatorname{tg}\left(+2° 2' - \operatorname{tg}(-1°10')\right)},$$

$$H = \frac{1,25}{0,0352 - (-0,0204)} = \frac{1,25}{0,0556} = 22,48 \text{ m},$$

$$V_1 = H \operatorname{tg} \alpha_1 = 22,48 \times (-0,0204) = -0,459,$$

$$V_2 = H \operatorname{tg} \alpha_2 = 22,48 \times 0,0352 = +0,791.$$

$$\text{Cota } 11 = \text{Cota } 10 + A.A + V_1 - l_1,$$

$$\text{Cota } 11 = 742,225 + 1,520 - 0,459 - 1,000 = 742,286 \text{ m}$$

ou

$$\text{Cota } 11 = \text{Cota } 10 + A.A + V_2 - l_2,$$

$$\text{Cota } 11 = 742,225 + 1,520 + 0,791 - 2,250 = 742,286 \text{ m}.$$

*Observação.* É importante verificar o sinal dos ângulos verticais para evitar enganos, pois é comum enganos provocados pela confusão de sinais. Como meio de evitar enganos, a fórmula de $H$ pode ser escrita:

$$H = \frac{\text{diferença de leituras}}{\text{diferenças de tangentes}}.$$

Portanto, quando uma tangente é positiva e outra negativa, a diferença se transforma em soma, como no caso do exercício.

Observar também que o valor $V_1$ é negativo porque $\alpha_1$ é negativo, portanto o valor $V_1$ é medido do plano horizontal do aparelho para baixo, enquanto que $V_2$, sendo positivo, é medido para cima.

## EMPREGO DA *SUBTENSE BAR* OU MIRA DE BASE PARA CÁLCULO DAS DISTÂNCIAS HORIZONTAIS E DA COTA DO PONTO VISADO

*Subtense bar* ou mira de base é uma barra de 2 m de comprimento que é adaptada a um tripé; a barra deve permanecer horizontal e, para isso, possui um nível de bolha (circular); esta barra é de invar (liga de níquel e ferro que apresenta baixo coeficiente de dilatação por diferença de temperatura). A barra deve ser colocada na estaca (B) a ser visada usando-se o tripé e um fio de prumo para ajustá-la na estaca. O aparelho colocado em outra estaca (A) deve visá-la para medir o ângulo de paralaxe, ou seja, o ângulo horizontal com que enxergamos a barra de 2 m (ângulo β); para isso a barra deve ser ajustada de forma a ficar perpendicular à reta AB, ou seja, a linha de vista que vem do aparelho em A, e para isto a barra possui uma pínula (mira) para fazer pontaria. Quando da barra, por meio da mira, fazemos pontaria sobre o aparelho em A, a barra fica automaticamente perpendicular à reta AB. O teodolito, em A, fará visadas para as extremidades à esquerda e à direita, lendo o ângulo horizontal β. Existem nas duas extremidades da barra alvos que aumentam a precisão das visadas; a seguir, o aparelho visa para o alvo central da barra para ler o ângulo vertical α. Devemos ainda medir a altura do aparelho (da estaca até o eixo horizontal do teodolito) e a altura da barra (da estaca até o eixo do alvo central). As fórmulas para cálculo de H e V estão nas Figs. 21.2 e 21.3.

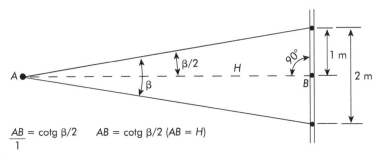

**Figura 21.2**

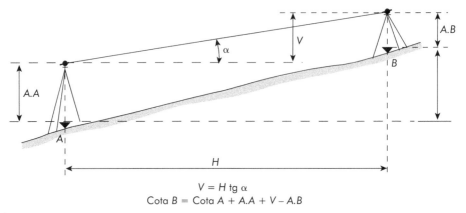

$V = H \, \text{tg} \, \alpha$
Cota $B$ = Cota $A$ + A.A + $V$ − A.B

**Figura 21.3**

*Exercício.* Do ponto $A$ visamos o ponto $B$ e anotamos as seguintes leituras: ângulo horizontal $\beta = 2° \, 20',3$, ângulo vertical $\alpha = -3° \, 12'$; altura do aparelho em $A = $ A.A $= 1,50$ m, altura da barra em $B = $ A.B $= 1,32$ m; cota de $A = 715,220$ m. Calcular a distância $AB$ (horizontal) (Figura 21.2) e a cota de $B$ (Figura 21.3).

*Solução*:

$$H = \cot g \frac{\beta}{2} = \cot g \, 1° \, 10',15 = \underline{49,15} \text{ m},$$

$$V = H \, \text{tg} \, \alpha = 49,15 \times \text{tg} \, 3° \, 12' = 49,15 \times 0,059087,$$

$$V = -2,747 \text{ m};$$

$$\text{Cota } B = \text{Cota } A + A.A + V - A.B,$$

$$\text{Cota } B = 715,220 + 1,50 - 2,747 - 1,32 = \underline{712,653} \text{ m}.$$

Os fabricantes das miras de base fornecem tabelas de cotangente de $\beta/2$, variando de segundo em segundo ou de milésimo em milésimo de grado, para o cálculo de $H$.

Nota-se que o processo só pode ser aplicado desde que o ângulo horizontal $\beta$ seja obtido com teodolito de segundo ou de milésimo de grado. Caso contrário, a precisão do processo cairá muito.

Esse método tem a virtude de não perder a precisão em terrenos de grande inclinação, já que não será afetada a precisão da leitura de $\beta$.

# 22

## Alidade prancheta

O aparelho *alidade prancheta* possui uma prancheta de desenho (de pequenas dimensões: cerca de 0,40 × 0,40 m), fixada na base do tripé. Sobre essa prancheta é fixado o papel de desenho. É sobre prancheta ainda que trabalha a alidade, basicamente constituída de uma luneta com dispositivo taqueométrico (de preferência auto--redutor); a base da luneta é uma régua cuja direção é rigorosamente paralela à linha de vista da luneta; possui círculo vertical, porém não possui círculo horizontal, pois, em lugar de lermos os ângulos horizontais, as direções das visadas já serão desenhadas com a régua.

O aparelho destina-se a levantamentos a serem feitos por irradiação taqueométrica, mas, desenhados diretamente no campo. O desenho será levado substancialmente pronto ao escritório, onde apenas será aperfeiçoado e acabado.

A alidade prancheta autorredutora RK (da fábrica Kern) que é mostrada na Figura 22.1, é um aparelho moderno que faz os levantamentos e executa os desenhos com exatidão (sem erro) dentro da escala escolhida. Naturalmente, não obtém valores analíticos, como ângulos e distâncias e, sim, simplesmente os desenha.

Com a alidade prancheta podemos *caminhar* e *irradiar*, isto é, de um certo ponto irradiamos visada para diversos outros (Figura 22.2). Vemos pela figura que a alidade prancheta está fixada no ponto $A$, do qual irradiou visadas para os pontos de 1 a 12, completando o levantamento. Cada ponto foi marcado no desenho com direção dada pela régua e a distância obtida pelo dispositivo taqueométrico da luneta e reduzida à escala do desenho. Fez portanto somente *irradiação*.

Na Figura 22.3, vemos que a prancheta foi estacionada inicialmente no ponto $A$ de onde irradiou visadas para os pontos de 1 a 7 e finalmente localizou o ponto $B$ para onde seria deslocada, A seguir, de $B$ irradiou as visadas restantes de 8 a 13. Portanto, fez *caminhamento* e *irradiação*.

O levantamento com prancheta só deve ser executado quando apenas o desenho já satisfizer ao que se quer. Para obter a área de uma propriedade, o método não é indicado, pois deveríamos calcular a partir do desenho, sem valores analíticos, portanto apenas gráfica e naturalmente, absorvendo com os erros de escala. Supondo uma propriedade de forma quadrada de 200 × 200 m (portanto área de 40 000 m$^2$) para ser desenhada numa prancheta de 45 × 45 cm teríamos que usar a escala 1:500 (com esta escala, o desenho ficaria de 40 × 40 cm).

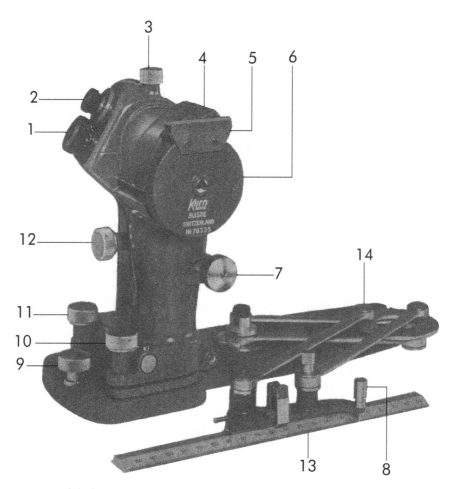

**Figura 22.1** Alidade prancheta autorredutora RK (Fábrica Kern). 1, ocular; 2, ocular para leitura do círculo vertical; 3, parafuso que controla o movimento vertical da linha de vista; 4, prisma da objetiva (móvel para permitir a elevação da linha de vista); 5, colimador da imagem (peça que permite a pontaria da imagem); 6, parafuso que aciona o movimento de elevação; 7, parafuso de focalizacão da imagem; 8, pino que marca o ponto visado, através de um estilete que perfura o papel; 9, parafuso micrométrico de ajuste horizontal da pontaria; 10, parafuso de nivelamento no sentido transversal; 11, parafuso de nivelamento no sentido longitudinal; 12, parafuso micrométrico de ajuste vertical da pontaria (só tem ação quando o parafuso (3) está apertado; 13, escala metálica graduada em escala 1; 1 000 (pode ser substituída por outras com diferentes escalas) que está sempre paralela à linha de vista; 14, sistema de articulação que permite que a escala metálica se afaste ou se aproxime do aparelho e que avance ou recue sem perder o paralelismo com a linha de vista.

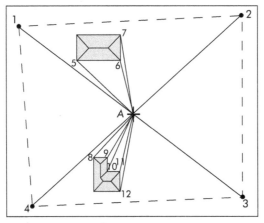

**Figura 22.2** Apenas irradiação.

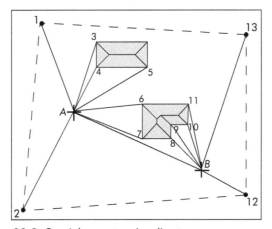

**Figura 22.3** Caminhamento e irradiação.

Nesta escala, cada milímetro valerá 500 mm, portanto 0,5 m. Portanto se errássemos 1 mm apenas em cada direção (digamos para menos), os lados ficariam com 199,5 m e a área resultaria 199,5 × 199,5 = 39 800,25 m². O erro seria 40 000 − 39 800,25 m² = 199,75 m². Um erro de 199,75 m² em 40 000 m² significa:

$$\frac{40\,000}{199,75} = 200,25,$$

erro relativo 1:200,25.

Facilmente podemos ter um erro superior a 1 mm, até porque o papel pode se encolher ou dilatar, e neste caso o erro será inaceitável.

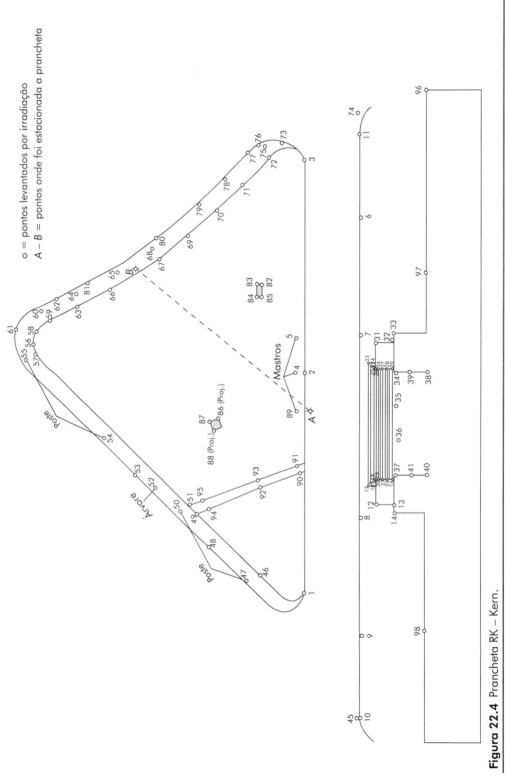

**Figura 22.4** Prancheta RK – Kern.

O método é especialmente indicado em 2 casos:

1) levantamento de pequena extensão com muitos detalhes, por exemplo, uma propriedade correspondente a uma quadra de cerca de 10 000 m² com benfeitorias: construções, cercas, caminhos, postes etc;
2) levantamento de pequena extensão de terreno com a finalidade de serem desenhadas curvas de nível, para cálculo expedito de movimento de terra.

Anexamos um exemplo da 1.ª hipótese (Figura 22.4) onde podemos verificar que os alinhamentos retos resultaram completamente exatos. Pode-se afirmar que um levantamento clássico com teodolito $t$ trena, feito com o máximo cuidado, desenhado na mesma escalas não resultaria melhor.

# 23

## Equipamento eletrônico

A topografia é uma ciência aplicada milenar. Mas isso não impede que venha se atualizando por meio de aparelhos. A base é sempre a mesma: a geometria é parte da trigonometria. Alguns chamam a topografia de geometria aplicada. Os italianos denominam de geômetras os topógrafos, A mais recente modernização é através do emprego da eletrônica e do raio laser.

Vamos, então, descrever esses instrumentos.

1) Nível rotatório com raio laser.
2) Estação total eletrônica.
3) G. P. S. (Global Position System) – sistema de posição global.

## NÍVEL ROTATÓRIO COM RAIO LASER

O aparelho é composto de caixa que pode ser fixada sobre um tripé ou sobre uma mesa (uma base horizontal). A caixa tem dois parafusos calantes, que permitem o nivelamento em suas direções perpendiculares ($X$ e $Y$). Por meio desses parafusos são centrados dois tubos de bolha. Quando as bolhas estão no centro de cada tubo, o aparelho está corretamente nivelado. Quando ligamos o aparelho, ele emite um raio laser perfeitamente horizontal. Podemos ligar também o movimento de rotação e será então estabelecido um plano horizontal pela luz que está girando. O aparelho pode ser também colocado com um giro de 90° com a vertical, ficando com o eixo de rotação na horizontal. Ao girar a luz estabelecerá um plano vertical. Podemos ainda colocar seu eixo de rotação com uma determinada inclinação com a vertical, por exemplo, 2% de inclinação e então, ao girar, será estabelecido um plano inclinado de 2%. Essa última hipótese pode ser utilizada quando queremos que um trator forme um plano inclinado, talvez para o caimento de águas pluviais. Será colocado no trator um alvo, onde o laser deverá atingi-lo, fazendo com que esteja na altura correta para estabelecer o plano. Dessa forma, o próprio tratorista poderá controlar a altura correta.

O aparelho funciona com baterias de níquel-cádmio.

Igual como um nível comum, o nível laser deve ser verificado para eventual ajuste. Os catálogos dos aparelhos indicam os procedimentos necessários, aliás bastante simples. Também são indicados os cuidados básicos, tais como:

a) não direcionar para o sol sem a devida proteção;
b) quando as baterias precisarem ser trocadas, deverão ser substituídas todas (geralmente três), não misturando novas e velhas.

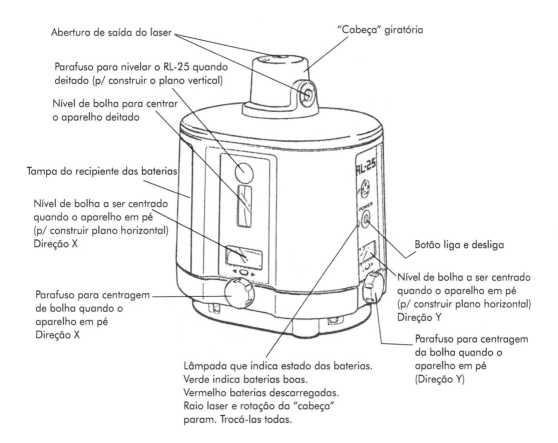

## ESTAÇÃO TOTAL ELETRÔNICA

Esse aparelho é um complemento do teodolito eletrônico, porque além de fornecer as leituras dos círculos horizontal e vertical automaticamente, também lê a distância direta, já que é também um distanciômetro. O único trabalho do operador é atingir os alvos (refletores) à ré e a vante e apertar os botões correspondentes. O aparelho fornece então as leituras dos círculos e as distâncias. Esses valores podem aparecer no visor do aparelho para anotação na caderneta ou podem ir diretos pra um disquete, que envia os dados para a programação de cálculo "software". Os "softs" podem operar qualquer tipo de cálculos: desde simples fechamento de poligonais até um projeto completo de desenho geométrico de estradas.

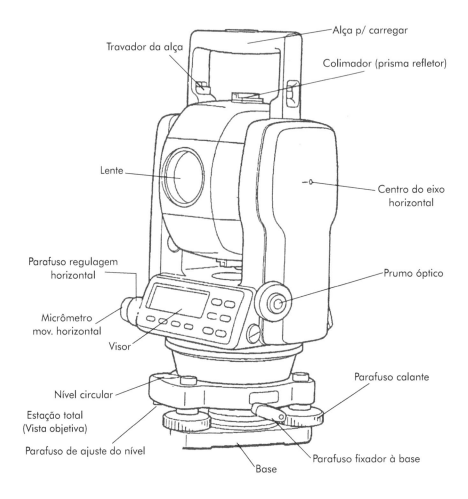

A aparência é semelhante a um teodolito comum, não deixando antever a sua real capacidade de trabalho.

Os catálogos recomendam algumas precauções: não focalizar diretamente ao sol; além de causar dano aos olhos pode prejudicar o sistema óptico da luneta.

- Não mergulhar o aparelho em água.
- Melhor usar um tripé de madeira a um metálico, para evitar vibrações.
- Fixar corretamente o aparelho através do parafuso próprio para isso.
- Evitar pancadas no aparelho.
- Carregar sempre o aparelho pela alça.
- Não deixar o aparelho sob alta temperatura por muito tempo.
- Não expor o aparelho a grandes e bruscas variações de temperatura.
- Verificar se a bateria está com carga suficiente.

## G. P. S. (GLOBAL POSITION SYSTEM)

Esse aparelho, por meio de contato com satélites artificiais, fornece as coordenadas do local onde se encontra. As coordenadas podem ser geográficas (latitude e longitude) ou retangulares ($X$ e $Y$). É um aparelho portátil (sem tripé). É munido de uma antena, que deve ser orientada para melhor recepção do satélite. O equipamento para uso civil tem pouca precisão, por motivos estratégicos. Já os de uso militar podem chegar a precisão centimétrica. Usa baterias alcalinas ou de níquel-cádmio. Fornece também a altitude do local acima do nível médio do mar. No uso civil, em virtude da baixa precisão, o aparelho é usado mais para navegação, principalmente marítima em pequenas embarcações, substituindo as observações do sol ou das estrelas.

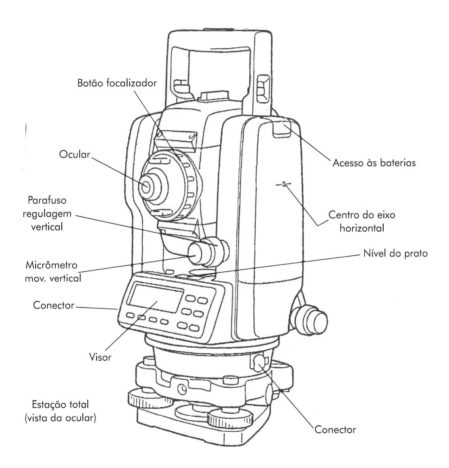

Estação total (vista da ocular)

Observação: o livro *Exercícios de Topografia*, do mesmo autor, complementa a parte teórica deste volume com 152 exercícios resolvidos e mais 57 propostos e com respostas.